U0367611

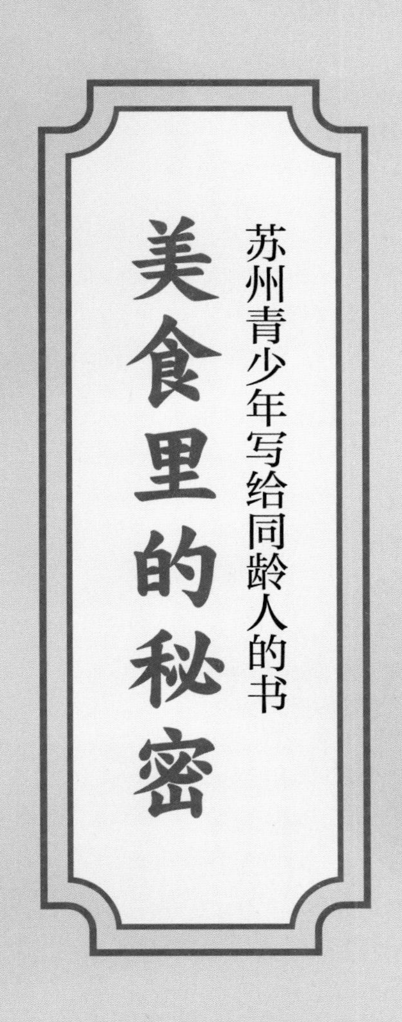

苏州青少年写给同龄人的书

美食里的秘密

苏州市科学技术协会　编

南京大学出版社

图书在版编目（CIP）数据

美食里的秘密：苏州青少年写给同龄人的书 / 苏州市科学技术协会编. -- 南京：南京大学出版社，2025. 1. -- ISBN 978-7-305-28522-6

Ⅰ. TS971.202.533-49

中国国家版本馆 CIP 数据核字第 20241KU897 号

出版发行　南京大学出版社
社　　址　南京市汉口路22号　　　　邮　编　210093

书　　名　美食里的秘密——苏州青少年写给同龄人的书
MEISHI LI DE MIMI——SUZHOU QINGSHAONIAN XIEGEI TONGLINGREN DE SHU
编　　者　苏州市科学技术协会
责任编辑　吴　汀　　　编辑热线　025-83595840

照　　排　南京新华丰制版有限公司
印　　刷　苏州工业园区美柯乐制版印务有限责任公司
开　　本　889mm×1194mm　1/16　印张　6　　字数 128 千
版　　次　2025年1月第1版　2025年1月第1次印刷
ISBN 978-7-305-28522-6
定　　价　68.00元

网址：http://www.njupco.com
官方微博：http://weibo.com/njupco
微信服务号：njuyuexue
销售咨询热线：（025）83594756

美食里的秘密
苏州青少年写给同龄人的书

主　　编

程　波

副 主 编

张亿锋　张志军　庞　振

统　　筹

金小花

编　　务

陈　嵘　冯　磊　吴英宁　陈军辉　居小丽

邱丹凤　徐路尧　沈思艺　杨基宁

视　　觉

葛　雷　丁沪燕　陈　涤　许晖予　赵　卉

陈　臻　叶　军　周一鸣　陈　华

科学顾问

夏　红　王金虎　汪　成　陈来生

序

作为一名食品安全领域的科技工作者，我更多接触的是关于食品的学术论述、标准制定以及一些专业解读，乍然看到一本青少年写给同龄人的关于美食的书，我很惊讶，翻开之后又觉得非常新颖、生动——这个科普不是专家写给孩子的，而是孩子们主动探索获得的，现在他们还要把自己的发现分享给全中国的青少年！

虽然说是一本青少年写给同龄人的书，字里行间时有孩子的天马行空，但是整本书认真看来却又非常严谨，那些让人垂涎的美食、实验图片充满了设计感；透过青团子、酱汁肉、碧螺春茶叶、猪油年糕，我们能清晰地感受到从讲故事到真相探究、方法梳理、得到开放式结论的逻辑线，可谓层层递进，深入浅出。

我的外祖父柳亚子先生是苏州吴江人，所以我从小就熟悉苏州美食。凡有机会到苏州，都会找时间品尝熏豆茶、青团子等特色小吃。每年菊花黄的季节也总要尝尝大闸蟹，顺便体味体味汤国梨女士“不是阳澄湖蟹好，此生何必住苏州”的名言。而正仪青团、枫镇大肉面、吴江麦芽塌饼、冬酿酒，都是我的最爱。那么，对于苏州人以及很多热爱苏州美食的人而言，这些食物里真有秘密吗？

我很好奇。

但是，青少年朋友的好奇心显然比我们的还高！

为什么苏州人做青团子的草汁里要添加澄清石灰水？为什么枫镇大肉面的灵魂不是肉，不是酒糟，而是似有若无的鳝骨香？为什么苏州街头卖的糖炒栗子都来自北方，而苏州板栗只配做菜？孩子们发现，这些看似约定俗成的习惯背后，一条一条都是朴素的科学道理，跟食品化学相关的，跟植物学相关的，跟地质、地理、气候相关的。这是多有意思的科学启蒙！

民以食为天，在漫长的历史中，食物也是地方文化重要的组成部分。

苏州是众所周知的江南鱼米之乡，但谁也不会想到4000年前这里其实一片荒芜，太湖水患不断；鱼米之乡的苏州不仅糕团点心花样繁多，居然还擅长面食，现代苏州人更是每天要吃掉400多吨面条；而如今按只卖的阳澄湖大闸蟹，它的祖辈却从春秋战国时期开始就屡屡给苏州乡民带来“蟹灾”，多到泛滥成灾；苏州著名的虎丘花茶，茉莉、白兰、代代，其实每种花的原产地都不在苏州；看似土味的苏州零嘴“梧桐子”，风雅的苏州人却对它念念不忘……这些看似矛盾的现象背后都是历史与文化的渊源。它们关联到了“泰伯奔吴”的故事、中国历史上两次“衣冠南渡”事件、从明代开始大运河漕运的发达与苏州商业中心的地位、江南文人的风骨与审美趣味，等等。

透过孩子们的探秘，我们还发现食物也是情感的载体嘛。有趣的苏州青团子地图，记录了苏州不同乡镇做青团子时用的草，有的用鹅观草，有的用艾草，还有用冬瓜叶和木槿树叶的，这些都是风土人情。甚至，类似“做乌米饭时不能说话，否则饭就不会变黑”的“神神叨叨”，也都带着珍贵的民俗气息。我们常讲要用STEAM①项目提升青少年的综合素养，这种将科学、文化、历史，以及审美情趣综合在一起的美食探秘，不就是接地气的STEAM素材吗？

当然，我希望未来关于苏州美食秘密的探索能有更多食材内容出现，毕竟作为具有2500年历史的文化名城，“吴文化一万年”的苏州，关于吃有许许多多可挖掘的地方。我还希望，未来苏州青少年朋友在探索中，能融入更多质疑精神，比如探究探究传统美食文化与现代健康理念、食品安全观念的冲突——苏州点心重油、重糖，它真的适合现代人吗？冬酿酒排队零拷的方式很有仪式感，但是它符合现代食品卫生的要求吗？诸如此类。

最后，就像这本书所创新展示的，美食里的秘密是苏州青少年写给同龄人的书，它讲的是苏州美食，却同样可被其他城市的青少年借鉴来了解自己的乡土文化。苏州的科普做得很接地气，很扎实，很走心，也很有趣！

中国工程院院士

陈君石

---

①STEAM代表科学（Science）、技术（Technology）、工程（Engineering）、艺术（Arts）、数学（Mathematics）。

前言

党的十八大以来，围绕传承和弘扬中华优秀传统文化，习近平总书记发表了一系列重要论述："一个城市的历史遗迹、文化古迹、人文底蕴，是城市生命的一部分。文化底蕴毁掉了，城市建得再新再好，也是缺乏生命力的。""让城市留住记忆，让人们记住乡愁。"

一座城市的历史遗迹、文化古迹、人文底蕴，也是一座城市的乡土文化。它是留住乡愁、激发文化自信、凝聚共同价值观的基石。作为历史文化名城，在过去2500年的发展历程中，苏州形成了地域鲜明且蕴含了朴素科学观的乡土文化，体现在园艺、手工艺、吴门医派等方方面面。

作为长三角中心城市之一，过去20多年以来，与苏州的经济发展相应，苏州青少年科技创新教育也取得了全省乃至全国瞩目的成绩。崇文重教、立足创新是苏州的优势，但与此同时，跟全国绝大多数城市一样，乡土文化教育在当前苏州青少年的科普教育中依然薄弱。那么，怎样引领当代人尤其是青少年，走近一座城市的乡土文化呢？苏州市科协联合苏州市教育局，创新发起了科普苏州乡土资源开发（第一季）——苏州美食里的N个秘密课题研究活动。活动设定课题与调研报告格式，鼓励青少年组队参与探索实践、完成报告，并在最后创作出版。

活动成功吸引了苏州157所学校560余个团队参加，孩子们从最接地气的"吃"开始，以"解密"为撬点，挑战苏州本土饮食文化中习以为常的现象或者约定俗成的观点，予以科学、趣味、生动的解读。《美食里的秘密——苏州青少年写给同龄人的书》，在青少年团队的调研成果基础上重新进行了创新写作，不仅原汁原味保留了青少年与传统美食文化碰撞出的火花，而且抽丝剥茧地提炼出了青少年探索过程中珍贵的发现、质疑、求证、存疑的成长过程，再将其润物细无声地融入俏皮的文字、精美的图片、有趣的手绘之中，力图让阅读者与创作者在交互中，实现科学的方式方法和科学精神的传播、扩散和转化。

同时，为确保本书的科学性，我们还邀请了高校、行业领域内的食品化学、植物学、民俗学、营养学、情报文献学等相关学科专家组成顾问团队，对图书进行科学审核。

总之，《美食里的秘密——苏州青少年写给同龄人的书》既是一本青少年视角的苏州美食秘籍，又是青少年创新科普模式的成果之一。

写一写
画一画

目　录

写一写
画一画

苏州人的春天，是从第一口糯叽叽的青团子开始的。

一过元宵节，我就会惦记着跟妈妈一起去葑门横街排队买正仪青团。

正月里的风冷飕飕的，呼啦啦地穿过热闹的横街直奔糕团店，带出一团白雾。闻到香味，大家立刻伸长脖子，望着刚蒸熟的碧莹莹的团子嚷成一片——这个要五仁馅儿的，那个要芝麻馅儿的，还有要菜花头肉丁馅儿和蛋黄肉松馅儿的。

我最喜欢老法头豆沙馅儿的青团。豆沙里融着亮晶晶的猪油，咬一口满嘴流沙，又甜又香！你说以前的人是怎么想到做青团子这种美食的呢？

为了找到答案，我们从昆山跑到虎丘，又从吴江到阳澄湖。然后，我们震惊地发现——我们好像发现了一个苏州青团子的“变绿”地图！

调研团队：苏州市相城区陆慕实验小学团队
团队成员：李歆珩 戈瑜逸 王雨嘉 陈瑞铭 耿歆怡 邱诗雯
指导老师：张灿娟 张晨霞 王莉红

正仪青团子是用酱麦草做的！

传说晚清时昆山人赵慧用酱麦草汁和糯米粉制团，清香扑鼻，放七天不破不裂不硬不变色。后来经糕团店工艺精进，名声一度胜过苏州黄天源、上海沈大成而闻名于苏沪一带。

所以，我们探秘的第一站就是昆山正仪！

正仪青团用什么做的？酱麦草！

变绿法1：浆（酱）麦草

浆麦草是小麦的“野生亲戚”哦！

浆麦草青团食谱

草汁

浆麦草洗净打汁过滤

石灰

煮石灰加水沉淀后倒入青

糯米粉

豆沙馅
或者在豆沙中加上糖板油
猪油白糖炒制豆沙馅

揉
将青汁倒入糯米粉中和成粉团

填
揪成小块揉搓成团填馅包好

高新区
浆麦草

吴中
艾草、五
木槿杈

树山、浒墅关用浆麦草

根据全班同学提供的线索，我们又去了高新区的树山、浒墅关和相城区的阳澄湖，发现大家都用“浆麦草”的草汁做青团子。

酱麦草和浆麦草是一种草吗？

我们从早春到初夏，历时两个月观察两种草的生长过程之后发现：它们是一种草。张家港、常熟、太仓也都用浆麦草做青团。

浆麦草是一种什么草呢？在《中国植物志》里没找到！

有人说，浆麦草就是雀麦。

还有人说，浆麦草是野燕麦。可是，它到底是一种什么草呢？

子变绿地图

变绿法2

变绿法3

吴江用

鼠曲草和南瓜叶

我们还去了吴江。地处吴头越尾，吴江的很多习俗跟浙江相近，用南瓜叶做青团就是一例。他们喜欢采摘南瓜叶用石灰水焓好，用时取少许混着糯米粉做青团。

吴江人还会用鼠曲草做青团。这种草的叶片和茎秆上有一层白色绒毛，所以也叫"棉览头"。你们不知道吧？

鼠曲草，菊科植物，吴江还会用它做麦芽塌饼。

相城区
浆麦草

昆山市
浆麦草

区
草

吴江区
南瓜叶
鼠曲草

我们自己捣汁和粉做的正宗苏州青团子来啦！

万万没想到

还能用木槿叶子

变绿法4

木槿在苏州庭院常用作花篱。在太湖西山岛，人们却用它做青团子。不是说，从前木槿叶子常用来捣汁洗头发的吗？怎么还能吃呢？

木槿，锦葵科灌木，叶片和花含肥皂草甙。

木槿花也是一道树蔬呢，可以做蛋花汤。

在吴中区的郭巷和光福，有的人用艾，有的人用更加细嫩的五月艾做青团。不管哪种，艾草青团都有一股淡淡的药香哦。

大火蒸制10分钟

蒸

光福人用艾草做青团

变绿法5

艾和五月艾都是苏州常见的菊科植物。

艾就是苏州人端午节时挂的艾草，它跟大蒜头、菖蒲合称苏州人的"端午三友"。

浆麦草到底是什么草？

苏州著名的风俗志《清嘉录》记载，清明时为祭祀祖先，苏州人会“捣䅟麦汁搜粉”做青团。这个风俗还保留了古代寒食节的禁火习俗。这个“䅟麦”就是浆麦草吗？

我们请教了高新区浒墅关和昆山正仪的农民伯伯，还请教了很多从事农业技术工作的叔叔阿姨。有人说浆麦草就是野燕麦，有人说它是雀麦，还有人说它是鹅观草。真是扑朔迷离呀！

浆麦草，禾本科植物，中文正式名叫鹅观草。

全草可入药，具有清热凉血和镇痛的功效。

我们推测浆麦草，很可能就是《清嘉录》记载的“乡人捣䅟麦汁搜粉为之”的“䅟麦”哦。

雀麦

我们简直是太厉害啦！

我们用最“笨”的办法“破案”了！

野燕麦

浆麦草

苏州春天的田野里，草几乎长得一模一样。我们就用了最“笨”的办法，分别在昆山正仪和高新区浒墅关定点观察浆麦草完整的生命历程。等它开出花结出穗子，再用它的穗子分别跟野燕麦、雀麦、鹅观草进行对比。

结果我们成功“破案”了！苏州正宗青团用到的草中文正式名叫：鹅观草。

初中团队的外援来啦！

浆麦草是如何让青团子变绿的呢？

虽然我们推断，青团子变绿的原因是叶绿素的作用，但是叶绿素到底长什么样子，我们也不知道。

不过，为了彰显初中生的实力，我们拼啦！

准备好浆麦草、二氧化硅研磨剂、碳酸钙、无水乙醇、层析液，经过了一番操作，我们成功提取出了浆麦草含有的主要色素：**叶绿素、胡萝卜素、叶黄素**。果然，让青团子变绿的就是叶绿素。

实验操作：苏州工业园区东沙湖实验中学团队

团队成员：张梓林　崔佳妮　赵欣妍　吴越之

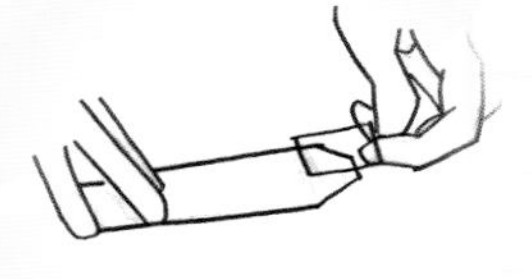

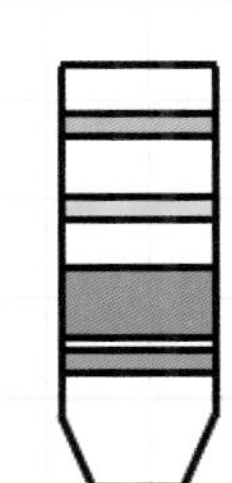

这就是浆麦草汁

浆麦草汁在苏州也叫青汁，它最大的优点就是，与澄清石灰水混合、充分搅拌后颜色稳定。除了做青团子，它还可以作为天然食用色素出现在苏州很多糕点中哦。

换句话说，生活中常见的无毒无特殊气味绿色植物都可以榨汁做青团子。

那么，在做青团的过程中往草汁里加石灰水，这是为什么呢？

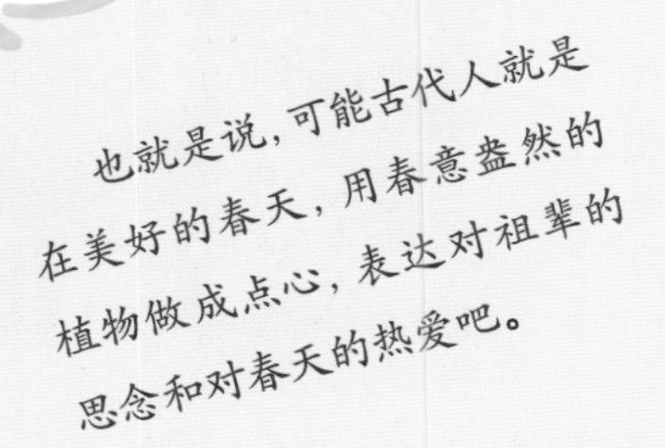

前辈们在春天的感悟！

也就是说，可能古代人就是在美好的春天，用春意盎然的植物做成点心，表达对祖辈的思念和对春天的热爱吧。

1个秘密

神奇的石灰

看完苏州青团子的做法，你是不是记住了一个词“澄清石灰水”？没错，石灰经常出现在苏州人对食物的处理和存储过程当中。人们会在浆麦草汁里加入澄清石灰水防腐、保绿，把生石灰跟炸脆鳝、熏青豆放在一起防潮。这是为什么呢？答案就留给你来寻找啦。

学生的话

嗯，这就叫不时不食吧

为了找到青团子变绿的答案，我们逛了大半个苏州！第一次知道，原来苏州的春天居然有这么多种草！而且草也很可爱呀，尤其是清明前后的草，随便揪一把浆麦草或者鼠曲草，再揉一揉，满手便都是春天特有的香气！

所以，为什么古代的苏州人只在清明节做青团吃呢？我们猜，除了节日和习俗，可能还因为人们发现，清明时节才是各种草最好吃的时候！用自然的馈赠回应自然，这就叫不时不食吧。

是不是很简单呢?你学会了吗?快来试试

老师的话

答案越丰富，世界越多姿多彩

在寻找青团子变绿答案的过程中，原本连韭菜和麦苗都分不清楚的苏州娃收获满满。他们不仅做了有趣的野外调查，还掌握了植物学分类的新技能和提取叶绿素实验的技巧。其间，最有意义的收获是什么呢？一张用好奇心拼出的青团子变绿地图让他们顿悟：正确答案不止一个！没错，正因为答案丰富，世界才多姿多彩。

酱汁肉诱人的“红”，不是酱油烧出来的吗？

都说苏州是鱼米之乡，那么苏州人最爱吃鱼和米粉做的糕团咯？

反正我们小学生觉得苏州人更爱吃肉。春天的酱汁肉、夏天的粉蒸肉、秋天的走油肉、冬天的酱方，每样都好吃，其中酱汁肉特别好吃！

酱汁肉有多好吃呢？

苏州人爱买熟肉，从明清开始城里的熟食店不仅常年供应酱鸭、酱肉、熏蹄、油鸡，还卖专供特定时节的熟肉，比如清明的酱汁扎骨、初夏的糟鹅、初秋的卤鸭、入冬的冻鸭杂等。但是最出名的还是酒焖汁肉，也就是酱汁肉。

不信？给你念念古人留下的酱汁肉赞美文：“其佳处在肥者烂若羊膏，而绝不走油，瘦者嫩如鸡片，而不虞齿决”。不仅好吃，这块肉还长得特别好看——色泽鲜艳，是一种介于桃红和玫瑰红之间的漂亮颜色。

一块五花肉是如何兼具了美味与美貌的呢？

调研团队：苏州市吴中区吴中实验小学团队

团队成员：程子谦 陈宏杰 杨悦湲 王雨涵 杨昊然

指导老师：严青 沈勤学

首先公布一个调查结果

一块五花肉是如何兼具了美味与美貌的呢？

我们发动同学、老师、家长、门卫、清洁阿姨做了上千份问卷调查。最后，超过70%的人认为是因为“红曲”。为了搞清楚什么是红曲，它又是如何让一块普通的五花肉摇身变为苏州经典名肉的，我们撸起袖子，做了一锅酱汁肉的“吴中”版本——向阳肉。

同学，我们小时候太湖猪肥膘要巴掌越肥越贵！

挑肉

肥膘两指宽的五花肉

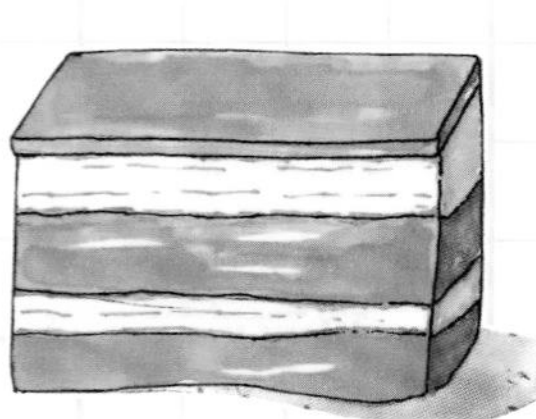

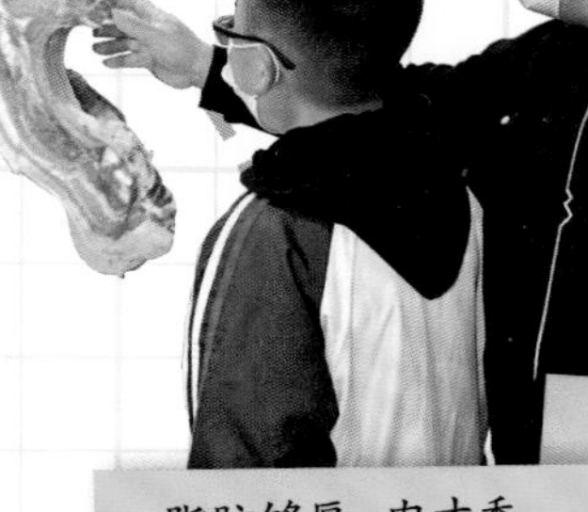

向阳肉第四代传承人张军师傅

没有见过猪跑谁还没吃过猪肉吗？瘦肉我们爱你！

膘肥体壮懂不懂？

脂肪够厚，肉才香。

瘦肉蛋白质多，但是肥肉才是风味的关键。

洗肉

肉随冷水下锅，加热。

水开后就捞出来漂洗。

告诉你一个秘密

以前酒店做酱汁肉是要先用刀刮毛孔的，把毛孔刮干净了再用清水漂洗，洗干净后焯水，焯水的毛汤吊清后一半原汤烧肉，一半烧百叶结！

改刀

接下来就是体验给肉改刀啦。在老师们严阵以待的表情下，我们再次撸起袖子雄赳赳气昂昂上场了！

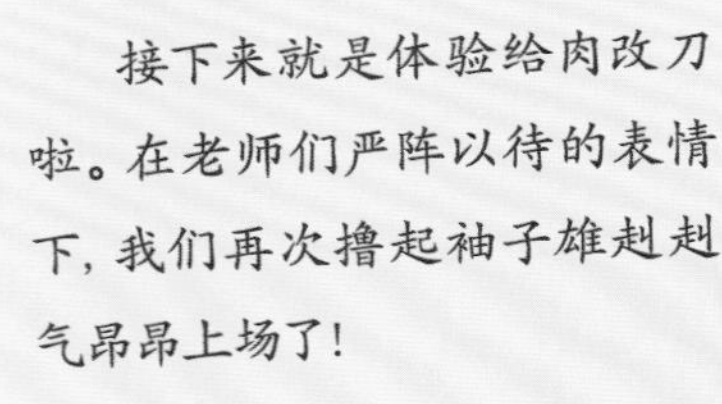

好的食材，
只需要最简单的
烹饪。
40分钟后，肉香飘荡在厨房。
加水、盐、料酒、八角、桂皮开始煮。
3个小时后，肉香已经飘到食堂外的操场了。
炖煮

再告诉你一个秘密

酱汁肉最老派的做法，桂皮、八角都不用，只用葱姜酒，因为调料的意义只在于吊出食物本身的鲜香！

奶的力气都用出来了
一刀下去肉飞了！
经过7个小时的等待
张师傅要上绝活儿啦！

将红曲粉倒进碗里兑水调好，再均匀倒进锅里，然后加入了生抽和糖。可是红曲是什么呢？我们待会说。

春晖堂中药科普馆

亲眼见证了红曲的神奇染色能力之后
我们专门去了春晖堂药业
了解红曲的前世今生.

红曲，它来了！

苏州人是
怎么想到拿它
做菜的呢?

红曲入菜，有用红曲粉的，也有用红曲米的。

苏州老法头做法喜欢用红曲米浸泡后的水做菜，调色。

红曲 文献查阅

红曲是一味中药。

曲，是中医炮制的一种方法。首先要淘洗籼米，然后整晚浸泡，次日蒸煮后将米饭与红曲菌均匀搅拌发酵六至七天，发酵好之后再洒水浸曲，最后晾晒成红曲米或者说红曲。

《本草纲目》《天工开物》都记载了红曲的药用价值。我们国家的药典里也收录了2种以红曲为原料的药物。

但最初，红曲的作用是防腐哦。隋唐时，河西走廊向中原进贡驼峰、驼蹄，就是用红曲涂抹浸渍运输的。所以，苏轼有诗云：“剩与故人寻土物，腊糟红曲寄驼蹄。”

“剩与故人寻
腊糟红曲寄驼

卤鸭

枣红色，纯靠红曲着色。

酱色，除红曲外还加入老抽。

酱鸭

红糕

苏州很多传统点心也是用红曲粉着色的。

苏帮菜和红曲

文献查阅

我们在老师的帮助下发现，虽然不知道苏州菜开始使用红曲的确切时间，但记载了大量宋代各地民俗、物产、饮食和医药知识的笔记《鸡肋编》记载："江南、闽中公私酝酿，皆红曲酒。"宋代，可是苏州熟食铺子开始流行的时代哦。

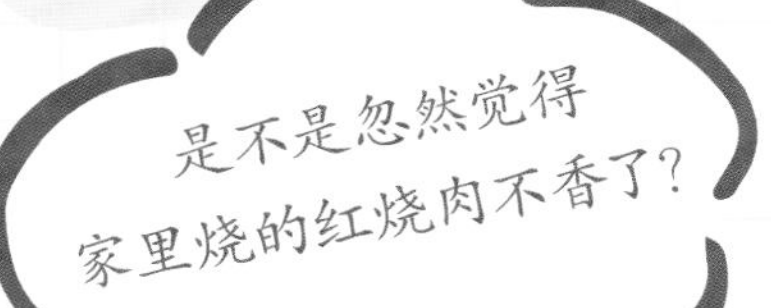

是不是忽然觉得家里烧的红烧肉不香了？

那么，为什么酱汁肉不用酱油而用红曲呢？

因为，红曲烧出来的肉更鲜艳，让人更有食欲呀！

从色彩心理学来说，鲜艳的红色、橙黄色的食物往往更能够刺激人的食欲，而经过长时间的烹饪，肉类颜色会自然呈越来越深的棕红色——这是"美拉德反应"的结果，如果再加酱油的话，颜色就会更深，红曲则会恰到好处地调色。

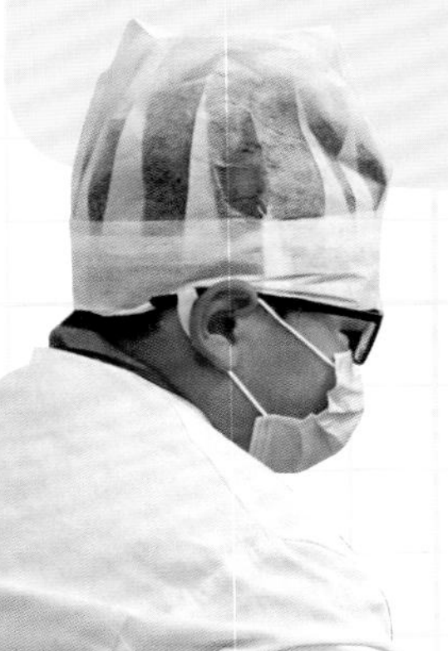

1个秘密

樱桃肉

除了用红曲烧肉，苏州春天的第一块肉还会用樱桃烧呢！它的做法相当于精致版的酱汁肉，要用樱桃代替部分红曲水，这样等文火煨足十个钟头，被划成棋格子的肉皮就会真的如同樱桃般粒粒绽开，晶莹剔透，肉香中隐有果香！你想吃吗？

学生的话

不懂生物的小学生不是好厨师

关于酱汁肉的科学调研，让我们经历了如此多的人生第一次！第一次动员全校师生参加我们的问卷调查；第一次化身记者采访非遗大师；第一次扛着猪肉走进食堂，霸气"占用"了食堂师傅的操作台洗肉、烧肉，并邀请全班同学来品尝……

当然，最重要的还是，我们第一次近距离了解到了红曲——这种既能料理食物，又有药用价值的神奇物质！话说，我们21世纪小学生都稀罕的微生物知识，为什么古代厨师却能用得出神入化呢？

老师的话

研究的热情源自对生活的热情

爱生活，爱美食。为了找到苏州人春天第一块肉诱人的颜色来源，孩子们从问卷调查开始，利用实地考察、现场采访、观察对比、实践操作等方法，一步步揭晓了答案。为了真实记录调研过程，他们还拍摄了视频，如果你有机会看到他们稚拙地"洗买汰"的画面，一定也会笑出善意的"猪叫声"。能激发和滋养生活热情的研究棒棒的！

苏州人搬家都要挖走的香椿，真的亚硝酸盐超标？

我们全家都爱吃香椿，除了我嫌它味儿冲。

每年正月半过后，外婆就开始唠叨，一把野菜怎么卖得比肉贵！

可我妈爱吃。我妈是苏州作家苏童的粉丝，看过他所有小说，还跟我讲《香椿树街故事》。但是，我跟她去过故事里的街，那里一棵香椿都没有。

我外公也爱吃。他是安徽人，总爱跟外婆争“民国四姐妹”到底算合肥的还是苏州的，但是说到香椿，他俩必定一起说：人家张充和呢，在美国大学里都要长香椿，那是故乡的味道！

还有我舅公。1952年出生的舅公小时候都没见过香椿树。树都看不到，没得吃了吧？嗨，苏州以前有专卖南方特产的“南货店”，每到初夏店里就供应腌香椿。舅公说：五分钱一把，买回去稍微洗洗，配粥吃，拌豆腐灵咯。

没辙了！我只能上大招：“香椿亚硝酸盐超标！老师说的！”

调研团队：苏州市枫桥中心小学团队

团队成员：潘俊烨 杨奕淏 沈嘉琪

指导老师：沈雪丹

香椿调查行动

为了证明香椿亚硝酸盐超标，寒假一开学，我就拉着小伙伴找到了科学老师。于是，在老师的帮助下，我们的香椿调查行动开始啦。

通过外婆跳广场舞的闺蜜们指引，我们在小区东南角找到了好多香椿树。

原来这光秃秃的树就是香椿啊！

从这天开始，每天放学我们都会绕道过去，三双眼睛像雷达一样把几棵秃树扫描一遍才回家。

2月18日

发现目标！

2月28日

长出了一粒芽。

3月7日

芽苞开裂了，冒出了紫色的“

香椿：楝科香椿属落叶乔木，高大清秀，夏日开白花，秋冬结果。

苏州人有多爱香椿呢？外婆说：搬家，香椿树是一定要挖了带走的！

实验

把嫩香椿芽捣碎，兑入纯净水，充分摇荡后滴入试管，静置。过了一会儿，试管中的液体就会变成淡粉色！

对比试剂盒里的色卡，就能找到这个颜色对应的亚硝酸盐含量。

我们开始了第一次实验！

3月14日

芽有1厘米长啦！

3月27日

第一次生吃香椿芽。

我们开始了第三次实验。

5月1日

香椿的绿色大叶子，羽状复叶。

等了一个月，有点小激动呢。

我们每人摘了一把芽生嚼！有点五香八角味儿，还有点肉味儿！

香椿什么时候亚硝酸盐含量高呢？

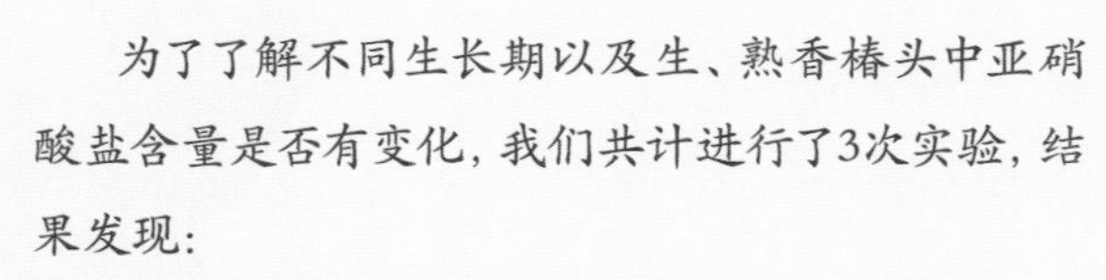

为了了解不同生长期以及生、熟香椿头中亚硝酸盐含量是否有变化，我们共计进行了3次实验，结果发现：

①生、熟香椿都含有亚硝酸盐。

②香椿的亚硝酸盐含量会随着生长时间升高。

③做熟的香椿亚硝酸盐含量变低。

那么，香椿头的亚硝酸盐含量是不是多到不能吃了呢？这个就不是我们小学生的实验能证明的啦，得找到权威资料！

亚硝酸盐是怎么来的？

植物生长需要氮肥，而土壤里的氮大多以硝酸盐形式存在，植物必须大量吸收硝酸盐才能保证营养供给。同时，植物体内的酶又会把部分硝酸盐还原成亚硝酸盐，所以硝酸盐和亚硝酸盐普遍存在于植物当中。

研究人员发现香椿里含有能散发出花香、草木香和水果香的酯类、萜烯类、酸类、醇类物质，同时又含有能散发出大蒜、韭菜和肉香的硫化物，它们合在一起构成香椿的特殊风味。

亚硝酸盐很可怕吗？

硝酸盐和亚硝酸盐不是人体必需物质。特别是亚硝酸盐，它既能让我们急性中毒，又能在我们体内转变成致癌物亚硝胺。

不过，量变才会引起质变。比如，我国食品安全国家标准规定，酱腌菜中亚硝酸盐含量不能超过20 mg/kg，肉制品中西式火腿和肉罐头分别不能超过70 mg/kg和50 mg/kg，其余均不能超过30 mg/kg。

为什么有的人是香椿的“迷弟迷妹”，有的人却嫌它味道冲呢？

香椿中的亚硝酸盐超标吗？

的确，香椿营养丰富、风味独特，但相对其他野菜而言，香椿中亚硝酸盐含量较高。

不过，研究显示，清洗3遍就能去除香椿中50%的亚硝酸盐，焯烫1分钟能去除其中90%的亚硝酸盐，使其含量降低到10～50 mg/kg。而这个水平与酱腌菜和肉制品中的亚硝酸盐残留量要求基本一致，可以放心食用啦。

因为香椿中谷氨酸含量高，香椿还有特殊的鲜味。香椿炒鸡蛋时，它含有的谷氨酸跟鸡蛋中的核苷酸混合就会产生味觉的增益效应，香出“春天的味道”！

文献查阅

中国是世界上唯一吃香椿的国家，从唐代开始就吃啦。椿树长寿，它在古代还是长寿和父亲的象征。明代，早春的香椿芽跟小黄瓜一样金贵。民国年间，香椿的流行也不分南北。

食谱

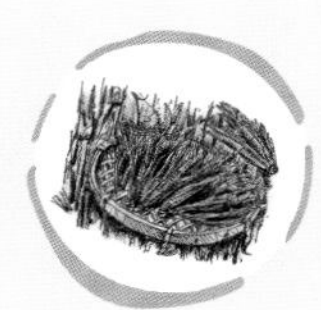

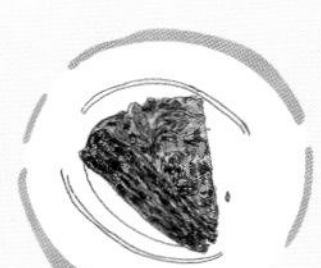

对香椿一番摸底，我和我的小伙伴悄咪咪地重新“站队”了——香椿炒个鸡蛋也是挺好吃的嘛。把我外婆的食谱分享给大家：

食材

香椿

鸡蛋

色拉油

少许盐

步骤

①香椿焯水，挤净，切末，倒入蛋液中。

②在鸡蛋、香椿的混合液中加盐调味。

③锅烧热，加油润锅，改小火。

④将鸡蛋和香椿的混合液从锅中间倒入，慢慢煎至两面蛋液变成固体即可。

现代研究表明，30秒烫漂既能保持香椿嫩芽外观口感和营养成分，还能显著降低亚硝酸盐含量。

苏州植物学专家王金虎

香椿头炒鸡蛋。
准备改行当美食博主。

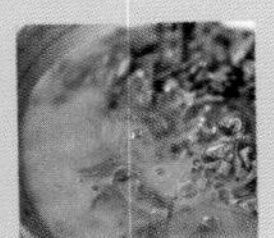

苏州美食作家叶正亭

苏州本土香椿有了！
东山人吃法：开水焯一下，酱麻油热拌。吃一口，吃到江南的味道，母亲的味道！

为什么我吃的香椿是臭的？

真相是：你吃的可能是臭椿哦！臭椿跟香椿相像，都长得高大清秀，都有漂亮的羽状复叶。区别在于，臭椿臭且木质虚松，香椿香且木质紧实。不过，因为香椿芽好吃，所以香椿树在苏州很难长高，反倒是无人问津的臭椿总能长成参天大树！

学生的话

从科学到习俗和文化

小学生经常会有奇奇怪怪的癖好，比如不喜欢吃面条，不喜欢葱、姜、蒜，不喜欢香椿……为了给自己找一个不吃香椿的理由，我们决定用实验证实香椿亚硝酸盐超标。结果就是，证伪啦。不过，收获还是有的！

通过大量资料查找，我们不仅破解了香椿的香味之谜，还发现它在古代是救荒菜，在传统文化里是父亲的象征，它有很多文化人拥趸——这大概就是外公说的人们热爱香椿的习俗和文化的原因吧。不过，我们是在科学课题的研究中了解香椿的呢！

老师的话

学会借助文献探寻真相

香椿到底有没有亚硝酸盐超标？要回答这个问题，即便是专业部门也需要严谨的实验论证。有什么让中小学生可以快速获取答案的方法吗？文献法！借助专业书籍、期刊、文献数据库等权威资料有目的地查找、归纳、分析，不仅能快速找到答案，还有助于训练青少年的思辨能力和自主学习的能力哦。

碧螺春真有果香！但不是你想的那样！

如果要用一片树叶代表苏州的春天，那我觉得一定是碧螺春。

想象一下，我们住在太湖边，湖边有一片可爱的山，山上有桃树、李树、杏树、梅树、枇杷树、杨梅树、橘子树……还有开不完的野花，吃不完的野菜。然后在整个郊野春光灿烂的时候，我们循着香味找到一种树叶，把它烘干，用热水泡开，再慢悠悠地喝光，湖光山色就都被装进了肚子里！

你一定好奇，能喝出湖光山色的茶叶是什么滋味？

嫩鲜！清高！还有一种奇妙的果香！

当然，这都是大人们的说法啦。反正，我们都没能喝出类似苹果、香蕉、梨的水果香味。是我们的嗅觉细胞还不够成熟？还是说，“茶树和果树枝丫相连，根脉相通，茶吸果香，花窨茶味”的说法，其实只是大人们的想象？带着疑问，我们出发前往碧螺春原产地，去找果香啦！

调研团队：苏州市金阊实验小学校团队

团队成员：张栩岑　汪梦涵　李欣悦

指导老师：展淑萍

苏州最好的碧螺春一般出在春分至谷雨之间，此时春天过半，恰到好处的温度、日照和雨水让碧螺春风味渐足。我们心急，春分前就上山了。

一路上，但见群山层峦叠翠，绿色的是枇杷、杨梅和橘树，光秃秃的是板栗树，偶尔一大蓬白绿相间的是白鹃梅，被修剪成灌木状的茶树就长在其间。

上山

发现：茶树果真是和果树交错种植的呢！

可是，花都还没开呢，茶叶能吸到果香吗？

地理小卡片

洞庭山

碧螺春茶原产于苏州太湖洞庭东山和西山。洞庭东山是伸入太湖的半岛，洞庭西山为太湖中最大的岛屿。两座山在太湖小气候环境影响下，常年云雾缭绕，四季花果飘香。

哇哦！

最嫩、最高级的洞庭碧螺春1斤干茶要用90000多个嫩芽！需要熟手采2天！

采茶

带着一背篓的问号我们开始采茶。

采茶小技巧

一芽一叶

在采茶的过程中，还是没有闻到香味啊……

下山后，我们进行了针对性的资料查找，归纳出：

①碧螺春新茶的香气成分至少有**42种**；

②它最重要的香气特征是具有高含量的壬醛和己醛，以及芳樟醇和香叶醇。同时，碧螺春茶叶中的**壬醛含量比其他所有绿茶的都高。**

③壬醛具有**柑橘香**，己醛具有青草和苹果香，芳樟醇呈现**铃兰花香**，香叶醇呈现**玫瑰花香**。

有趣的是，从新鲜的茶叶到炒制好的干茶，碧螺春的香气又发生了变化。

查证

真的有果香 但不是我们想的那样

发现

好不容易采完一垄茶树，我们把背篓里浅浅一层芽头归拢在一起，准备先完成拍照任务。就在这时，意外来了。在捧茶叶摆拍的过程中，我们闻到了似有若无的香——像苹果，像香樟花，还有点像青草香！总之跟喝的碧螺春茶不一样！

难道，这才是传说中的碧螺春果香？我们暗自激动。

碧螺春茶叶的果香怎么来的呢？

答案原来是它！

我们推测，碧螺春茶果间作的方式增加了**遮光率**，有利于茶树利香物质的合成；茶树修剪茎叶及果树的落果、落叶，增加了土壤有机质和矿物质含量，而特定矿物质的吸收或许会影响到茶叶中香气物质比例的变化。

总之，碧螺春茶的确具有果香，但不是靠“吸”的。

而是传统树种、传统种植方式和特定的土壤、气候环境造成的。

1个秘密

碧螺春茶里的毛毛

很多人第一次喝碧螺春时，会暗自吐槽：什么茶叶末子，这么多的毛毛！嘿嘿，这些毛毛是碧螺春芽尖上特有的毫毛啦。当芽长成叶，毫毛就会褪去。所以它不是杂质，而是茶叶鲜嫩的标志哦。只有足够嫩的叶和芽才适合揉捻搓团，炒制成“鲜灵”的碧螺春。

学生的话

那个瞬间像苹果砸中了牛顿

碧螺春真有果香吗？我们的A计划是去茶叶市场闻。B计划是亲自上山采茶、围观茶叶的炒制过程。幸好，我们选择了B计划！

不过，采茶一点不比上学轻松呢，而且我们在山上忙活了半天都没有闻到果香。如果不是无意间对着一大捧新鲜茶叶发呆，说不定就错过重大发现啦！话说，那天我们闻到碧螺春似有若无的水果香气时可惊喜啦，觉得自己简直就是被苹果砸中发现万有引力的牛顿嘛！

老师的话

有请事实来回答

用事实证明观点，是科学研究常用的实证法。碧螺春真有果香吗？相信，很多正喝着碧螺春茶的成年人同样心存疑惑。但是只有孩子们带着问题走进了广天阔地，最后在事实的基础上借助采访和资料给出了科学解释！这告诉我们一个道理：遇到自己没把握的问题时，不用急于给出观点，要学会让事实来回答。

芽很嫩，得温柔点！

哈哈，请叫我“采茶小王子”！

别着急，要有耐心。

马上能喝到自己采的茶，有点激

天呐！为什么绿油油的乌饭树叶，会煮出“黑暗料理”？

每到4月中旬，苏州山间的林缘树下，就能见到一丛丛油绿的乌饭树。

人们上山摘了它的嫩叶，切碎、捣汁、过滤，再加入洗净的糯米浸泡煮熟，然后撒上绵白糖，一碗乌黑透亮、清甜幽香的乌米饭就出锅啦！

每年吃乌米饭，我都会问阿爹和阿婆：是谁第一个想到用乌饭树叶煮饭的呀？

阿婆就说：乌米饭就是阿弥饭，以前每逢农历四月初八的浴佛节，寺庙里的和尚是要煮阿弥饭赠给施主和香客的。

阿爹却说：当然是古代修仙的道长发明的。“《登真隐诀》里就记载了用乌饭树的叶子做成青精饭的秘方。”他还要拉杜甫做证：“‘岂无青精饭，使我颜色好。’青是啥？黑色。长阳气的！”

乌米饭到底归佛家还是道家呢？嘿嘿，其实我最想知道的是：为什么绿色的树叶会煮出黑色的饭？

调研团队：苏州高新区白马涧小学团队
团队成员：黄欣窈　谭泳康　陈英伟
指导老师：姚玉燕

到了山上傻眼了，满眼都是长得差不多的小灌木，根本分辨不出哪个是乌饭树！

幸好，我们随身“携带”了宝藏老师。

摘一把搓一把，有水果香诶！

乌米饭

寻找

为了避免被大树遮挡阳光，乌饭树喜欢长在岩石边。圈定方位后，对照事先打印的图片资料，我们找到啦。

采摘前要戴好手套哦！

否则乌饭树叶汁会把你的手指染黑！

采摘

浸泡

打汁

乌饭树

中文正式名南烛，杜鹃花科越橘属常绿灌木或小乔木。乌饭树生长于丘陵地带，在长江以南各省多有分布。

洗净，放入打汁机，加水稀释，打出汁水，用纱布过滤。

这个过程看似简单，但对于我们小学生来说很不容易呢！

传统做法是在石臼里捣汁过滤的。

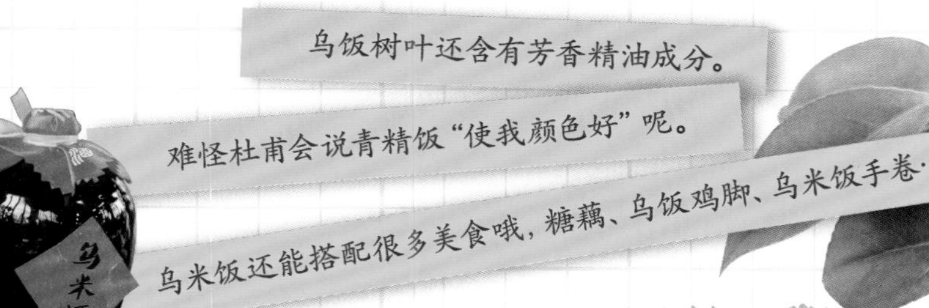

乌饭树叶还含有芳香精油成分。
难怪杜甫会说青精饭“使我颜色好”呢。
乌米饭还能搭配很多美食哦，糖藕、乌饭鸡脚、乌米饭手卷……
乌米酒

的秘密是它

“黑暗料理”的秘密到底是？

答案原来是它！

用乌饭树叶的汁分别浸泡糯米和粳米，5小时后它们变成了深青色。

真能煮出黑色的米饭吗？

阿婆说：做乌米饭的时候不能说出自己的担心哦，否则做出来的乌米饭就真不黑了！

阿爹说：黑不黑跟手法有关系。

我们的米饭会不会变黑呢？真有点担心呢。

乌饭树叶本身就含有丰富的多酚类物质，如黄酮、单宁、花色苷等。

在切碎浸泡过程中，乌饭树叶释放出了多酚氧化酶，在酶和高温蒸煮的双重作用下，这些多酚类物质经过氧化和相互作用，形成了红棕至黑色的复杂聚合物。

这些聚合物跟大米中的蛋白质相结合，就把它们给染色啦！

首先，黑不黑肯定跟米没关系。其次，应该跟有没有说担心也没有关系。最后，至于手法，好像我们也没有“金手指”呀。

那到底是为什么呢？

又黑又香！
我们成功啦！

还有枫香

在苏州穹窿山一带，人们做乌米饭时还会添加枫香树叶。相传，明朝万历年间，北宋名臣范仲淹的子孙从泉州带回380棵枫香树苗种在了天平山，所以枫香其实就是苏州著名的“天平红枫”啦。枫香叶为什么会被选为乌米饭的制作材料呢？不妨了解一下广西五色糯米饭。

学生的话

被“修仙”耽误的化学家

虽然很多人都吃过苏州的乌米饭，但是知道它是用乌饭树叶做出来的人却很少。当我们在班级分享采摘、制作乌米饭的过程和它变黑的原因时，大家甭提有多惊奇啦！那些崇拜的眼神，仿佛要幻化成袍子披在我们身上，袍子还要请书法老师写上俩字：得道！

话说回来，那些发现了乌米饭抑菌、美颜功效的道长们，如果把用来“修仙”的时间用在研究乌米饭变色的内在规律上，岂不早就成为赫赫有名的化学家啦？

老师的话

传说可能不科学却并非无用

在古代，人们虽然解释不了很多自然现象背后的科学原理，但是实践却会引导他们趋利避害。反过来，为了解释这些奇妙的现象，人们便附会上各种他们认知范围内的解释，跟乌米饭相关的种种传说便是如此。这些传说虽然不科学，却充满了想象力，通过合理的引导可以大大激发青少年探寻真相的好奇心呢！

苏州人大热天吃枫镇大肉面，真不嫌油腻？

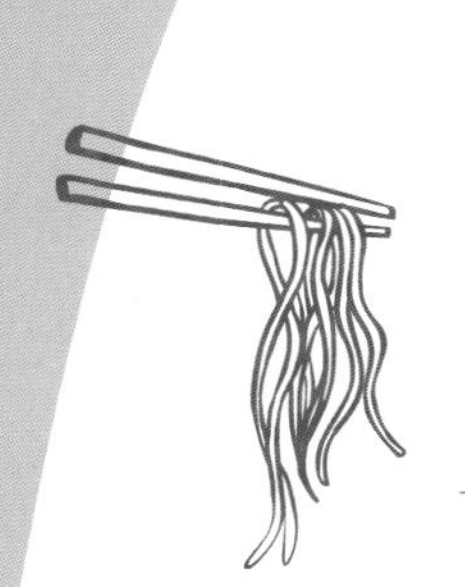

夏季的大肉面，浇头是一块白嫩肥美的焖肉，白糟粒粒，面汤鲜滑。

这是火遍全国的美食纪录片中，对苏州枫镇大肉面的描述。但你可能会说，苏州不是鱼米之乡吗？怎么面食也很厉害？而且，大热天吃大肉不腻吗？

首先我们苏州人不仅吃面食，而且一天能吃掉400多吨面条呢。

真的，如果你能穿越到古代，你就会发现明代的苏州城里随处可见生面铺子，所以仇英在《清明上河图》里也画了面铺，铺子悬一面招子写道“上白细面”。至于清代，苏州的面馆那叫一个星罗棋布！

苏州人都吃些什么面呢？清明前吃刀鱼面，五六月吃三虾面，深秋吃秃黄油面，入冬吃羊肉面。其中，浇头花样最多的要数六七月，既有猪肉做的臊子面、猪肉加鳝丝的鳝鸳鸯，也有鳝糊面、爆鳝面、卤鸭面、枫镇大肉面。

猜猜，苏州人自己是怎么评价枫镇大肉面的？夏日清隽面点！

调研团队：苏州工业园区星海实验初级中学 苏州工业园区星湾学校团队

团队成员：潘润馨 祝语彤 王傅琪 顾王瑶

指导老师：丁洁 汤晴瑜

线上调查

不油腻是大家说的噢

有什么比吃的过程，就是研究过程更快乐的哟！

投票

先来一碗面！

面汤鲜美中透着清甜，面条弹牙爽滑，焖肉酥烂醇香！

那么，为什么不油腻呢？

人气答案：因为面里放了酒酿。

走走走 吃(yán)面(jiū)去

面馆给出的答案

大厨这样说：

煮五花肉的时候撇去的浮沫能去油。

用重物挤压煮好的大肉也能去油！

撇浮沫、挤压，就是枫镇大肉面不油腻的原因？

先用实验验证大厨的话吧

上实验器材：五花肉、苏丹III、酒酿、小刀片、管、滴管、脂肪卡尺、显微镜、盖玻片和载玻片。

红棕色的苏丹III遇上油脂后会变成橙黄色。们将煮肉的浮沫与清水混合成溶液，再加入苏丹I溶液真的变成橙黄色了！说明浮沫中有少量脂肪。

由此可见，捞掉汤中浮沫对于去除油腻有一定作用。但是浮沫毕竟太少，相对五花肉中的油脂而算是九牛一毛吧。

我们又对煮熟的五花肉进行了挤压，发现脂肪度确实变薄，餐盘上一层油，但是也不算多。

至于酒酿化解油腻，则不幸失败了。

谨慎的我们又去找了专家，结果……

分析

食品化学教授的判断

①高温炖煮的方式并不会导致饱和脂肪向不饱和脂肪的转变。

②即使饱和脂肪变成不饱和脂肪，它们依然是脂肪，含量过高都会油腻。

再来！

我们翻阅了好几篇文献资料

查证

线上大搜索

网络答案：长时间炖五花肉，饱和脂肪会转化为不饱和脂肪，让肥肉不油腻、更健康！

真相

激动地发现：

秘密就在炖煮的过程中，

而我们曾经距离真相如此之近！

文火炖煮的力量

经过2.5小时的炖煮，猪肉中41%的脂肪就会转移到汤内，理论上时间越长转移的脂肪总量越高！也就是说大肉不油腻的原因是脂肪转移到了煮肉的汤里。

原来我们应该测试的是煮肉的汤啊！

PS：那酒酿是干什么的呢？

白案师傅揭秘来了：

酒酿的主要任务并不是化解油脂，

而是改善口味哦。

原来，枫镇大肉面诞生在清代苏州城外的枫桥镇。传统的枫镇大肉面在小暑节气上市。苏州有句老话，小暑黄鳝赛人参。为了保证稳定供应，餐馆都会提前收购大量黄鳝，加工成脆鳝丝，放在石灰缸里可以保鲜半年。鳝丝用了，那鳝骨干嘛呢？

鳝骨便加入肉骨吊高汤。鳝骨能让汤变得稠厚有味，但它有土腥气，于是，厨师便将酒酿加入鳝骨汤，利用酒酿恰到好处的酒味和微甜去腥提鲜。

原来，鳝骨香才是枫镇大肉面的灵魂啊！

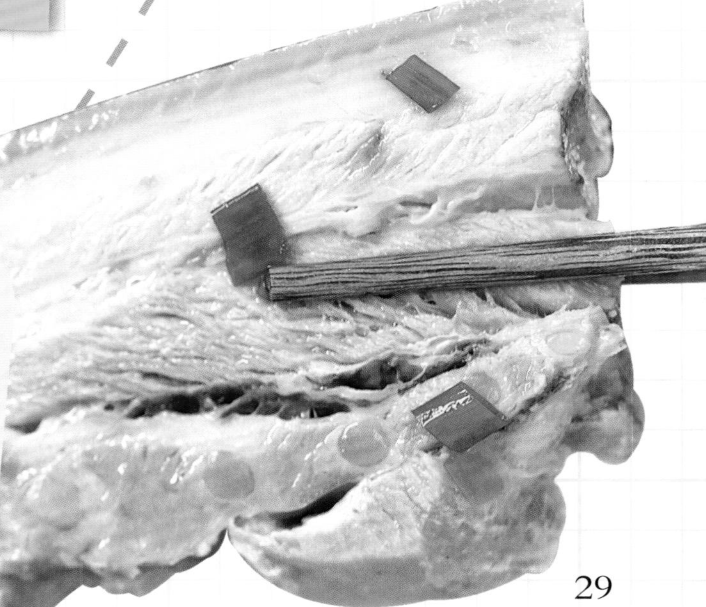

制作过程：

熬汤。
在熬制白汤时，要不断捞去浮于汤面的白沫。
熬酒酿。

1个秘密

苏州人很爱吃面条吗？

“早起眼睛一睁，脑里便跳出一个念头，快快快，起床去吃头汤面。”这是苏州作家陆文夫的小说《美食家》里的一段。在现实中，苏州人也这么热衷吃面条吗？嗯，如果从南宋时昆山的挂面算起，大概我们也就热爱了七八百年吧。

学生的话

枫镇大肉面，你等着！

枫镇大肉面为什么不油腻？相信大家现在都知晓答案啦。我们在做调研时，问卷调查结果倾向于面汤中的酒酿解腻，实地采访的厨师则认为，原因在于在肉的加工过程中焯水撇浮沫和对熟肉的挤压工序。我们用常识和实验证明了以上观点的合理性，却无法证明它们的必然性。从这个意义上讲，实验不算成功。

不过，失败乃成功之母。我们计划读高中时再做一次实验，锁定煮肉的汤中脂肪含量的变化，用数据反推枫镇大肉面不油腻的原因！

老师的话

不完美的探索同样有意义

科学实验是培养青少年观察、分析、推理、解决问题能力的重要方式。实验也是初中孩子刚刚解锁的新技能。但是，他们只能重复学校课程里常规设计的实验吗？不，在安全的前提下，他们可以通过实验探索万物——包括一碗“超纲”的枫镇大肉面。虽然有限的知识储备，可能会暂时影响他们的探索结果，但是谁能否认过程的意义？

原来算草菜！

每年初夏，当阿爹们从泡酒罐里倒出最后半碗杨梅酒时，大家就知道山上的杨梅又要熟啦。

杨梅，江南著名水果，早在宋代就大受欢迎。譬如，江西人余萼舒写道："若使太真知此味，荔支应不到长安。"我们苏州的杨梅，就是在宋代扬名立万的。不信？我给你念念北宋地理志《太平寰宇记》："杨梅出光福，铜坑者为第一。"

明清时期，太湖边的东西山、光福、树山，常熟虞山都是著名的杨梅产地。

直到今天，杨梅依然是苏州重要的地方水果。我们在初夏吃酸甜飙汁的新鲜杨梅，在盛夏喝酸甜可口的杨梅汁，过年吃八珍杨梅、白糖杨梅、蜂蜜杨梅……

不过，话又说回来，即便在杨梅产区长大，也不是人人都能尽情享用杨梅的——除非你也能泰然自若地享用杨梅上的"小肉丝"！

调研团队：苏州高新区实验初级中学团队

团队成员：王嘉祺 王小萌 王新满 陆劭轩 徐梓焱
指导老师：王晓萱

杨梅里的“小肉丝”是个啥？

原来真是果蝇啊

有趣的“小肉丝”去除实验

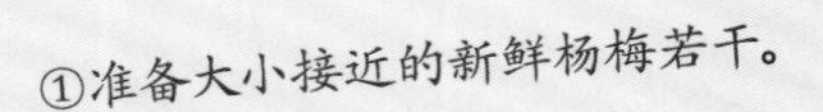

①准备大小接近的新鲜杨梅若干。
②准备4只相同的水盆。
③分别往盆中倒入盐水、自来水、热水、冰水。
④同时往水盆中放入等量杨梅（3颗）。
⑤静置10分钟，计算从杨梅中逃逸的“小肉丝”的数量。
⑥更换杨梅品种，重复上述步骤实验3次。

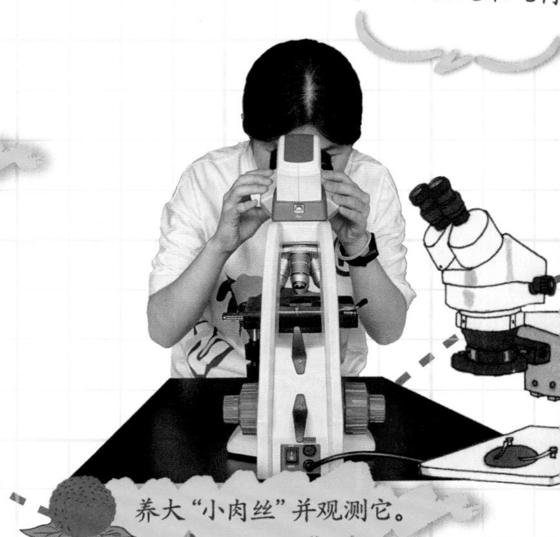

我们的实验结果来啦：
①在10分钟内去除“小肉丝”的最佳方法为盐水浸泡，其次为清水浸泡。
②延长时间后发现清水的效果接近盐水，但延长时间后杨梅口感有所下降。
③用热水和冰水浸泡杨梅基本无法去除“小肉丝”。

初步判断：“小肉丝”是某蝇的幼虫。于是，我们在玉米培养基里培养它，没想到失败了！但是，几天后杨梅篓子里自己飞出了一只长着红色复眼的“小苍蝇”。原来是果蝇啊！

为什么盐水浸泡是最佳方法呢？

我们推测，盐水浸泡产生的渗透压，会将杨梅里的“小肉丝”赶到水里，并且让它再也回不去了！

果蝇

昆虫纲果蝇科以腐烂水果为主食的昆虫，同时也是与人类有80%相似基因的实验室无冕之王。

“小肉丝”果蝇的幼虫

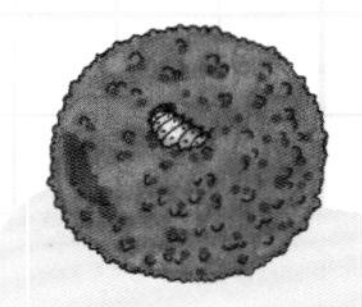

还好还好，终于放心了！

我们吃杨梅吃的是它的外果皮。

跟大部分水果不一样，杨梅的外果皮不是一层皮，而是发育成了柱状组织，也叫肉柱。肉柱与肉柱之间，便给果蝇留下了可乘之机。

杨梅中的果蝇幼虫全程在果实里发育，挺干净的。吃进肚子也不用怕，胃里的消化液在等着它呢。相当于吃水果配了点蛋白质。

为什么会有“小肉丝”呢？

杨梅酒食谱

①新鲜杨梅用淡盐水浸泡10分钟后晾干。

②一层杨梅一层白糖铺进泡酒罐。

③倒入粮食酿造的白酒，没过杨梅，密封。苏州人家通常会泡高低度两种酒，低度酒还可以治拉肚子喝。

④1个月后，白酒就会变成粉色，微有果香。3个月之后，渐入佳境。杨梅酒通常在1年内喝完，因为明年又有新鲜杨梅上市啦。

苏州风味的杨梅酒来了！

最终，还是沉浸在杨梅的美味里无法自拔

杨梅

杨梅科杨梅属常绿乔木。作为全国著名杨梅产地，苏州还有国家级杨梅种植资源圃，收集了地方品种近50种！

它们有白色的、粉色的、红色的、紫红色的、紫黑色的，有甜的、酸甜的，有松香型的、玫瑰香型的……不知道吃哪种了？那就先挑大叶细蒂、小叶细蒂、乌梅种、浪荡子吃起来吧。

哈哈，苏州人肚子里算不算有一座杨梅博物馆呀？

雌雄异株

自然界中桃、李、杏这些植物会开两性花，意思就是一朵花里既有雄蕊又有雌蕊，这样借助风力或者昆虫就能完成授粉，结出果实。但是，如果你们家方圆数十千米都没长过杨梅，而你只种了一棵杨梅树的话，那可能永远也吃不到果子了。这是为什么呢？

学生的话

技术解决荤菜问题

每到吃虫，哦不，吃杨梅的季节，我们苏州小孩最爱炫的画面就是——从树上摘下一颗杨梅直接飙进嘴巴里。你要说了，杨梅产区就是好，新鲜！没虫！嗯，其实虫可能也是有的，就看谁能若无其事呗。

言归正传，虽然我们用实验证明了杨梅果蝇幼虫的可食性，也给出了几种去除“小肉丝”的办法，但是，我们已经在跟国家杨梅种质资源圃的老师讨论让“小肉丝”从源头消失的可能啦。

老师的话

生活是实验设计的灵感源泉

别看苏州娃从小跟杨梅打交道，但要设计一个跟杨梅相关的实验，大家还是踌躇了。最后，调研小组是如何圆满完成任务的呢？从生活出发，运用发散思维！苏州人吃杨梅前习惯用淡盐水浸泡，这是为什么？有科学依据吗？如果换作自来水、热水、冰水、小苏打、洗洁精，效果又会如何？你看，生活不仅是文学创作的灵感源泉，也是科学研究的灵感源泉呢。

参与杨梅课题研究的有很多团队，比如苏州高新区通安中学

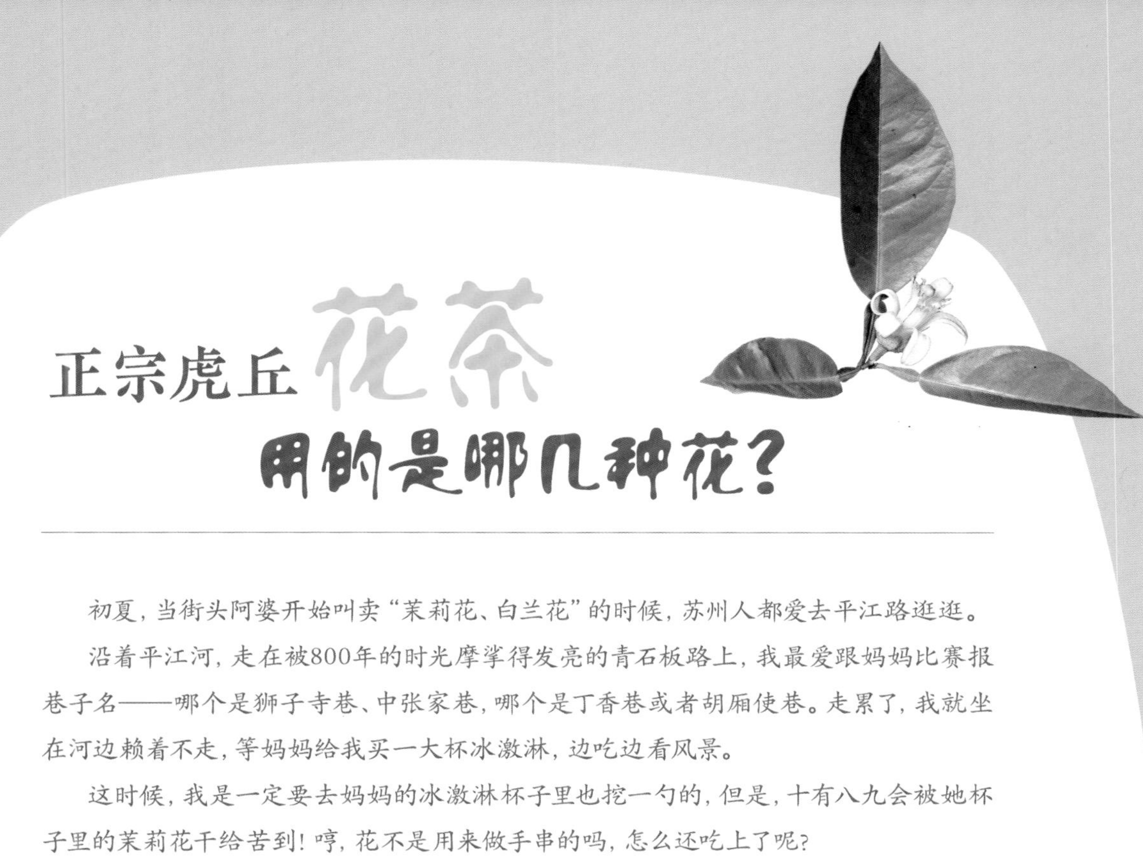

正宗虎丘花茶用的是哪几种花?

初夏，当街头阿婆开始叫卖"茉莉花、白兰花"的时候，苏州人都爱去平江路逛逛。

沿着平江河，走在被800年的时光摩挲得发亮的青石板路上，我最爱跟妈妈比赛报巷子名——哪个是狮子寺巷、中张家巷，哪个是丁香巷或者胡厢使巷。走累了，我就坐在河边赖着不走，等妈妈给我买一大杯冰激淋，边吃边看风景。

这时候，我是一定要去妈妈的冰激淋杯子里也挖一勺的，但是，十有八九会被她杯子里的茉莉花干给苦到！哼，花不是用来做手串的吗，怎么还吃上了呢？

妈妈就会一边笑我，一边得意地说：我们苏州人以前就爱吃花的呀，不过不是这样傻乎乎的吃花干子，而是挑香气最足的茉莉花一遍遍窨春天里新收的绿茶，窨完再用热水冲泡着喝，所以后来才有了著名的虎丘花茶和虎丘三花呀！

用花熏茶？虎丘三花？嗯，估计很多去过虎丘的苏州娃也都不知道吧。

调研团队：苏州市实验小学校团队

团队成员：宋汐尧 黄胤钦 邱聆汐 钟乐扬 杨智同

指导老师：王芝芸

茉莉花

茉莉花的原产地，居然不在苏州！

几乎每个苏州小学生都会唱《茉莉花》，但是，茉莉花的原产地不在苏州，甚至不在江苏，居然还不在中国！茉莉原产印度、阿拉伯地区，“茉莉”就是印度梵文mallika的音译。

汉代茉莉传入中国，在宋徽宗造艮岳时被列为八大芳草之一，从此天下扬名。它的宋代粉丝专门写道：他年我若修花史，列作人间第一香。

我们穿手串的地方，在曾经的虎丘三花种植基地。

茉莉，木樨科直立或攀缘灌木。

在大部分地区茉莉都是盆栽，在福建等地它却可以长成花墙。

苏州的茶花都是什么花

代代花

做花茶的代代花，最早是从扬州引入的！

代代，又叫“回青橙”，产于中国南部各省。苏州用作茶花的代代引种自扬州哦。

代代花最初是烘焙花干作药用的，后来被引入窨制花茶。代代花一度是苏州栽培最广、产量最高的一种茶花。

代代，芸香科柑橘属。果实经霜不落，如果不采收，树上便会有不同季节结出的果，故名代代。

苏州的代代花大而洁白，花蒂小，香味浓。

文献查阅

苏州人吃花

为什么苏州人会想到用花窨茶吃呢?

因为苏州人自古就爱花呀。因为爱花，人们还形成了特定的风俗：二月玄墓看梅，三月看牡丹，六月观荷，八月山塘桂花节。

苏州人还爱吃花，用花和糖、春膏、酿酒、钓露。到了明清时期，尤其流行用从福建、广东运来的茉莉和珠兰窨茶。于是，康熙年间，苏州的茉莉花茶就已经卖到东北啦。

等到清朝末年，花茶需求量越来越大，聪明的苏州人专门开始研究在本地栽种珠兰、茉莉和白兰，并且把代代花引入窨茶。1930年代以后，苏州熏制花茶的技术得到迅猛发展，形成了"以香气鲜灵著称"的熏制特点，成为全国花茶集散地。

为何会用这三种花?

我们推测，大概率还是跟买家有关吧，北方人就喜欢香香白白的栀子花、白兰花!

人们为什么喜欢这三种花呢? 可能因为它们都含有一种叫作芳樟醇的香气物质，它能让人闻到愉悦的木香和果香。

白兰花的原产地也不在苏州!

白兰原产喜马拉雅山，据传明朝时被郑和的舰队从印度尼西亚带回，也有说法说它是从缅甸传入，所以叫"缅桂花"，四川人则叫它"黄槲兰"。

20世纪初，白兰花才落户苏州虎丘地区，主要供装饰佩戴用。1930年代，茶商利用白兰窨制茶叶成功后，作为窨制茉莉花茶打底用，后来有了专门的白兰花茶。白兰花茶香气浓烈，甘醇厚爽，回味无穷。

白兰花

白兰，木兰科，在华南地区为常绿乔木，在长江流域多为盆栽，需在温室越冬。

苏州的白兰花以紫玉兰为砧木嫁接，花香更浓郁。

虎丘花茶
徽坯苏窨
“徽坯苏窨”是苏制茉莉花茶传统制作工艺的代表。精选江苏、安徽绿茶制作茶坯，现在也有用碧螺春茶制作茶坯的。虎丘牌茉莉花茶曾荣获茶叶类最高奖项——全国优质食品银质奖哦。
茶坯复火
冷却备用
等花开
茉莉花
代代花
白兰花
筛花
花茶
起花复火
从窨制到起花复火，中间也还有这些步骤哦：
分离：花黄了，茶也窨得差不多了，就可以用抖筛机器把花和茶分开啦。
干燥：三分窨七分烘堆，潮湿的茶得重新焙火干燥，最后得到一窨花茶。

"窨"同"熏"，意思是把茉莉花等放在茶叶中，使茶叶染上花的香味。苏州方言读[yìn]。

窨 XŪN

从拌合到窨制中间还有很多重要的步骤哦。让茶叶在低温中反复吸收花香，整个过程要持续3~4天。

堆窨：茶和花堆在一起。

散热：发热了就扒开通个风，降个温。

堆窨：冷却了再接着堆，低温慢吸。

窨制

跟碧螺春相比，花茶才是苏州茶叶界食不厌精的代表吧！

我们通常喝的花茶是三窨的，特级花茶要七窨！

上乘的花茶，会用不止一种花来窨制。比如，茉莉花茶通常会在初次窨制时用初夏的白兰花来打底，再用最好的三伏天的茉莉花来窨，最终得到更浓郁的香味和更丰富的留香。

茶花

凡是具有芬芳香气、无毒并具有饮用价值的鲜花，都可以作为茶用香花。在苏州，栀子花、桂花、蜡梅、木花、惠兰也可制花茶，但是较为著名的茶花是茉莉、珠兰、白兰、代代，其中又以茉莉最著名。

还有珠兰

“广南花到江南卖，帘内珠兰茉莉香。”珠兰也是一种花？没错！珠兰是在茉莉、代代、白兰成为虎丘三花之前，苏州花茶使用最多的一种香花。珠兰又叫金粟兰、鱼子兰。你见过这种开花像鱼子的花吗？

学生的话

卖白兰花阿婆戴的红头绳

在探寻虎丘三花的过程中，我们发现“爱花”是刻在苏州人的DNA上的。

而花，有时候还会有奇妙的贡献。

20世纪60年代，苏州科学家顾诵芬临危受命主持歼-8战斗机的研制工作。在试飞试验中，顾诵芬发现了气流分离导致的抖振问题，而这不仅会影响飞行速度，甚至会导致飞机解体。怎么解决这个问题呢？当时没有更好的试验条件和方法，多次地面试验无果之后，巨大的压力让顾诵芬时刻处于高度紧张的思考中，恍惚间他回到了儿时的苏州，听到了卖白兰花阿婆熟悉的叫卖声——就在这时灵感击中了他！阿婆头上飘动的红头绳！于是，他买了红毛线，剪好贴在机身上，又亲自上天跟踪观测毛线体现的气流变化，最终找到了问题症结，攻克了难关！

老师的话

用历史滋养现代城市文化

城市化的发展，让虎丘花茶变成了“非遗”。在重新发现虎丘三花的过程中，孩子们掀开了历史的一角并被吸引，甚至延伸出了课题外的虎丘三花保护行动。所以，美食的背后是什么？是历史，是文化，是一座城市绵延承继的人文气质。

因为探寻花茶的秘密，我们也成了虎丘三花保护的志愿者。

阳澄湖大闸蟹真的有点甜？

忙归忙，吃归吃，勿忘六月黄。

每年，当拙政园的荷花打起花骨朵的时候，苏州人就准备磨刀霍霍吃螃蟹啦。

还没来得及完成最后一次蜕壳的大闸蟹就叫六月黄。别看它壳薄、脚软，对半切开那里面可都是黄！把半边六月黄粘上面粉丢进油锅稍微一炸，另外起锅爆香葱姜蒜，放进蟹、毛豆、佐料、清水，大火煮开，再倒进面粉和蛋液挂的糊，等到锅里的糊糊“咕咕咕”沸腾开来，那个鲜哦，用我奶奶的话说“是要鲜掉眉毛哒”。

吃完六月黄就等着吃阳澄湖大闸蟹啦。十月的母蟹，黄更多，蟹爪、蟹螯和蟹背上都是雪白的肉，又嫩又甜。十一月的公蟹，咬一口蟹膏能黏到你嘴巴都张不开！所以，澄湖大闸蟹到底好吃在哪儿呢？

我们小孩会告诉你：那当然是肉嫩、黄多、膏粘，而且怎么吃都是又鲜又甜啊。

调研团队：苏州市金阊实验小学校团队

团队成员：高晨曦　潘宇泽　赵欣妍

指导老师：沈薇

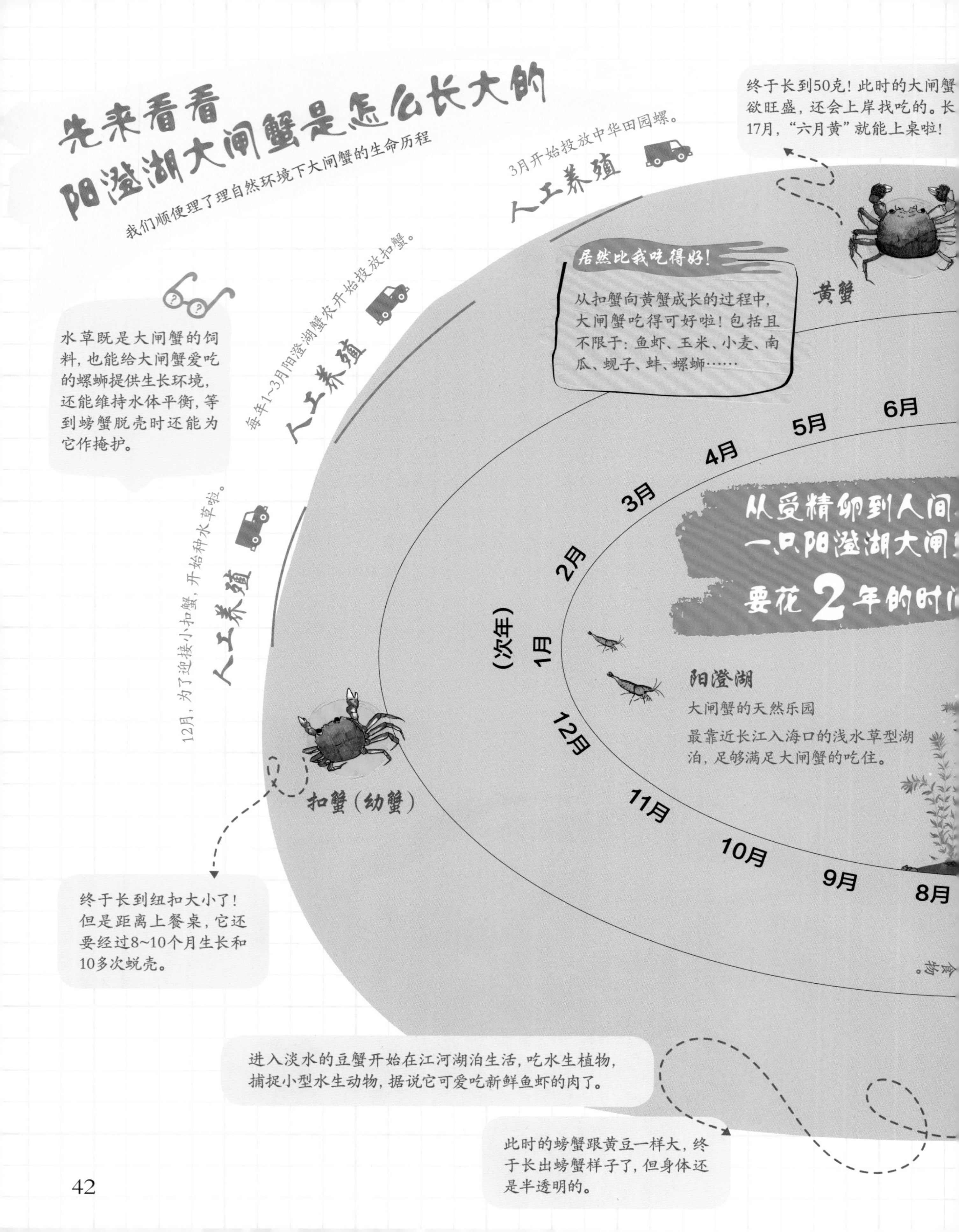
先来看看
阳澄湖大闸蟹是怎么长大的
我们顺便理了理自然环境下大闸蟹的生命历程
终于长到50克！此时的大闸蟹
欲旺盛，还会上岸找吃的。长
17月，“六月黄”就能上桌啦！
3月开始投放中华田园螺。
人工养殖
居然比我吃得好！
从扣蟹向黄蟹成长的过程中，大闸蟹吃得可好啦！包括且不限于：鱼虾、玉米、小麦、南瓜、蚬子、蚌、螺蛳……
黄蟹
每年1~3月阳澄湖蟹农开始投放扣蟹。
人工养殖
水草既是大闸蟹的饲料，也能给大闸蟹爱吃的螺蛳提供生长环境，还能维持水体平衡，等到螃蟹脱壳时还能为它作掩护。
12月，为了迎接小扣蟹，开始种水草啦。
人工养殖
6月
5月
4月
3月
2月
（次年）1月
12月
11月
10月
9月
8月
从受精卵到人间
一只阳澄湖大闸
要花2年的时
阳澄湖
大闸蟹的天然乐园
最靠近长江入海口的浅水草型湖泊，足够满足大闸蟹的吃住。
扣蟹（幼蟹）
终于长到纽扣大小了！但是距离上餐桌，它还要经过8~10个月生长和10多次蜕壳。
食物。
进入淡水的豆蟹开始在江河湖泊生活，吃水生植物，捕捉小型水生动物，据说它可爱吃新鲜鱼虾的肉了。
此时的螃蟹跟黄豆一样大，终于长出螃蟹样子了，但身体还是半透明的。

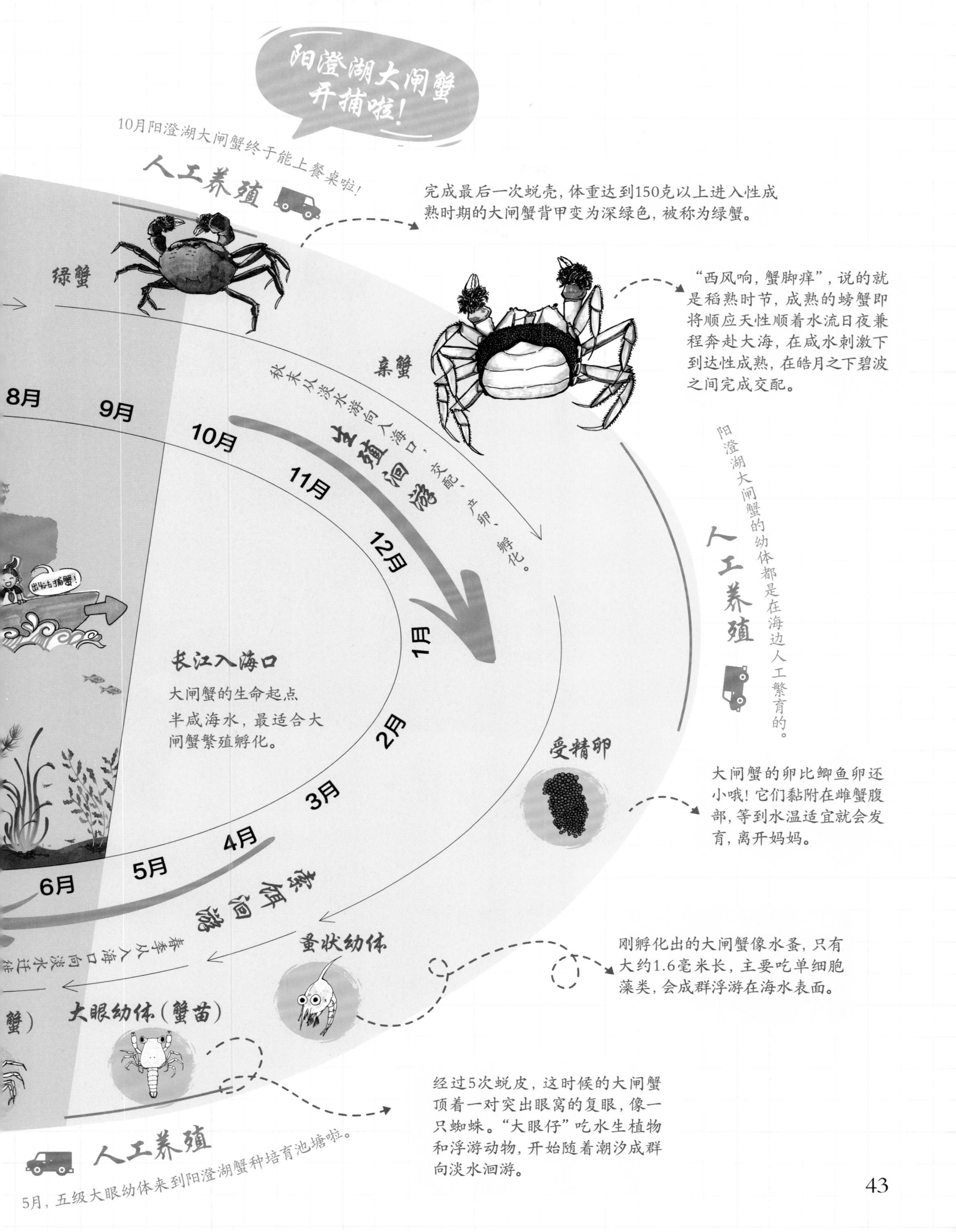

阳澄湖大闸蟹开捕啦!
10月阳澄湖大闸蟹终于能上餐桌啦!
人工养殖
完成最后一次蜕壳，体重达到150克以上进入性成熟时期的大闸蟹背甲变为深绿色，被称为绿蟹。
绿蟹
"西风响，蟹脚痒"，说的就是稻熟时节，成熟的螃蟹即将顺应天性顺着水流日夜兼程奔赴大海，在咸水刺激下到达性成熟，在皓月之下碧波之间完成交配。
亲蟹
秋末从淡水游向入海口，交配、产卵、孵化。
生殖洄游
8月
9月
10月
11月
12月
1月
2月
3月
4月
5月
6月
阳澄湖大闸蟹的幼体都是在海边人工繁育的。
人工养殖
出发捕蟹!
长江入海口
大闸蟹的生命起点
半咸海水，最适合大闸蟹繁殖孵化。
受精卵
大闸蟹的卵比鲫鱼卵还小哦！它们黏附在雌蟹腹部，等到水温适宜就会发育，离开妈妈。
索饵洄游
春季从入海口向淡水迁徙
溞状幼体
刚孵化出的大闸蟹像水蚤，只有大约1.6毫米长，主要吃单细胞藻类，会成群浮游在海水表面。
大眼幼体(蟹苗)
经过5次蜕皮，这时候的大闸蟹顶着一对突出眼窝的复眼，像一只蜘蛛。"大眼仔"吃水生植物和浮游动物，开始随着潮汐成群向淡水洄游。
人工养殖
5月，五级大眼幼体来到阳澄湖蟹种培育池塘啦。

看蟹

阳澄湖大闸蟹

外壳青亮，蟹肚圆白，蟹爪尖上呈金黄色，有短而密的黄色绒毛。

大闸蟹学名中华绒螯蟹，又叫河蟹，因为有一对长着浓密棕褐色绒毛的蟹螯而得名。

吃货，
探索小分

甜不甜还是吃吃看

阳澄湖大闸蟹是中国三大古名蟹哦！

听听蟹农说：

甜的呀！鲜活的大闸蟹就会有甜甜的味道。原因呢，我们认为跟阳澄湖的水质有关。

感觉蟹农伯伯说的蛮有道理的！
可是，为什么呢？

农产品知识小卡片

国家地理标志农产品

阳澄湖大闸蟹是国家地理标志农产品，虽然阳澄湖水域只有120平方千米，但是保护区域范围达516.04平方千米，横跨相城区、常熟市、昆山市、苏州工业园区4个市（区）。

虾荒蟹乱

苏州位于长江与东海的交汇处，内接河湖，外接江海，自古便出螃蟹，甚至时有蟹灾发生。所以，苏州有谚语“虾荒蟹乱”。

亲口吃吃看

捕蟹

绑蟹

肚子朝上，蒸15分钟左右。

蒸蟹

闻着就好鲜香！

吃蟹喽

还有很多可能……

比如，阳澄湖大闸蟹的生活环境。再比如，它吃的那么多好吃的东西……

最有意思的是，我们采访的教授认为，位于地质断裂带上的阳澄湖底泥中含有的微量元素，对大闸蟹的风味形成也起到了关键性的作用。这是真的吗？

对大闸蟹甜味调查这样说：

一项针对阳澄湖、太湖、固城湖、兴化等著闸蟹的研究发现，阳澄湖蟹可食部位、雄肉、雌蟹蟹肉、蟹黄中的甜味氨基酸含量最什么是甜味氨基酸？它是蛋白质的主要组成，可以呈现出甜、苦、咸、鲜等多种滋味。最名的呈味氨基酸就是谷氨酸钠，也就是味精。看来，甜味不仅仅是水果的特性哦。

1个秘密

为什么叫大闸蟹?

苏州自古出名蟹，在大闸蟹之前便有紫须蟹、太湖蟹、蔚迟蟹等。大闸蟹的名字又是怎么来的呢？苏州小说家包天笑专门考证过。一说，“闸”即吴语中的“煠”，蒸煮的意思。一说，“闸”是捕蟹用的竹闸。还有人认为，卖螃蟹时捆扎成一串，所以叫大扎（闸）蟹！

学生的话

果然是鱼米之乡！冲啊！

1934年，著名思想家章太炎先生定居苏州。对于他的这次迁居，很多人认为跟阳澄湖蟹有关。因为1932年，章太炎的夫人汤国梨女士就曾在诗中写道：“不是洋（阳）澄湖蟹好，此生何必住苏州”。嗯，咱们会因为大闸蟹选择苏州，大闸蟹会为什么选择苏州呢？

根据历史记载，从春秋至明代苏州曾经发生过若干次蟹灾，螃蟹们每每将稻种都吃光。我们猜当时多如蝗虫的大闸蟹一定边爬边想：苏州，果然是鱼米之乡！冲啊！

老师的话

用艺术的形象演绎科学的严谨

从资料查阅到前往大闸蟹科普馆参观，再到蟹农采访，捕蟹、吃蟹体验，一番调研下来孩子们既兴奋又苦恼——想说的太多，却又不知道从何说起！让我们欣慰的是，最终在老师和家长的帮助下，他们用手绘的方式归纳、分析出了阳澄湖大闸蟹鲜甜的原因，而这不就是我们常说的科学与艺术的结合吗？

参与大闸蟹课题研究的有很多团队，比如南京师范大学相城实验小学团队。

听说苏州板栗的“理想”不是被桂花糖炒，而是烧鸡？

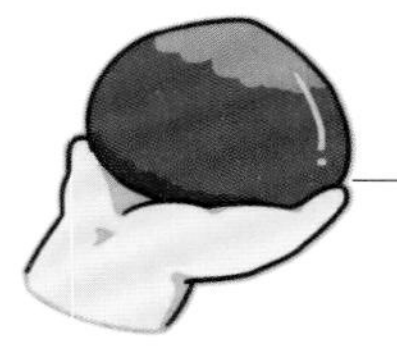

当桂花次第开放，挑一个雨后的黄昏，往我们老城区走。

风把法国梧桐的叶子带到被雨水浸润的路面上，铺成一沓漫不经心的明信片。两旁的店铺鳞次栉比，有卖衣服的，有卖玉器的，还有卖咖啡、茶点的。这时候，你随便挑一处屋檐站定，闭上眼睛深呼吸，不一会儿一股温暖的栗子香就会从不知名处弥漫而来。

最先是甜甜的桂花香，然后是坚果烘烤的香气。翕动鼻翼，再仔细闻，可能还有油脂氧化产生的脂肪香。这些香味糅杂在一起，经由四通八达的神经突起传递到负责情绪和记忆编码的大脑边缘系统，就会瞬间点醒几乎每个在古城区长大的小孩秋冬天的放学记忆。

只是，从回忆中拔出，你会突然发现，跟每个人的记忆紧密相连的栗子其实都叫“良乡栗子”！良乡在哪儿，那我们苏州板栗去哪儿了呢？

调研团队：苏州工业园区星海实验初级中学团队

团队成员：过乐宸 陆艺霖 李尚昀 桑一然 张鑫润 张养皓

指导老师：董美麟 过雪梅

苏州人吃的糖炒栗子都来自良乡？

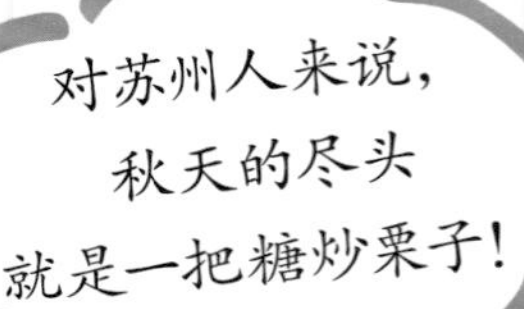

对苏州人来说，
秋天的尽头
就是一把糖炒栗子！

但是，我们的街头调查……

在热闹的观前街、十全街、石路和园区超市的板栗店，无一例外他们用的都不是苏州板栗！

他们说：苏州板栗只适合做菜吃！

而是

迁西板栗

良乡栗子

怀柔油栗

良乡板栗又来自哪儿呢？

良乡是北京郊区的一个集镇。

古代华北燕山一带出产的板果大多在良乡贸易，久而久之“良乡栗子”便成为燕山板栗的通称。而河北唐山的迁西板栗、北京郊区的怀柔油栗都属于燕山板栗。

良乡板栗

小果型，粒重一般不超过10g，果皮毛绒少，富有光泽，果深褐色，据说肉质糯性，含糖量更高。

板栗小卡片

壳斗科栗属植物，在中国至少有2500年的栽培历史。因淀粉含量高，所以板栗自古便被称为“木本粮食”。《吴越春秋》中便曾记载“吴王乃与越粟万石”，说的就是吴王夫差借给越王勾践万石板栗当作粮食。

《诗经》：树之榛栗，椅桐梓漆。

意思是栽种榛树和栗树，还有梓漆与椅桐。

苏州板栗的搭档们

板栗 + 鸡
= 喷香的板栗炖鸡

板栗 + 肉
= 浓油赤酱的板栗烧肉

板栗 + 荸荠 + 菱角 + 赤豆
= 东山正月十六必吃的野粥

蒸板栗 + 盐 + 酱油
= 西山炝栗子

苏州栗子去哪儿了？

听说苏州板栗都被拿去做菜了

苏州板栗属于长江流域品种群，品种有九家种、槎湾种、白毛栗、油栗、早栗、金漆栗、茧头栗、重阳栗以及常熟的桂花栗等。其中最著名的叫九家种，因为“十家倒有九家种”而得名。

苏州板栗

大果型品种，最大者超过25g，果皮绒毛多，果皮色泽暗淡，据说其淀粉含量更高。

20世纪80年代苏州曾经为全国23个板栗“万担县”之一，而苏州板栗的主栽区就在太湖边的山地。清代古籍《太湖备考》记载，苏州板栗“出东、西两山，东山西坞者尤佳”。可是为什么说苏州的板栗只配做菜呢？

在当地向导和苏州农业职业技术学院汪成忠博士的带领下，我们出发啦。

为什么说苏州板栗只配做菜？

为了找到答案，我们终于踏上了盼望已久的东山之旅。沿着曹坞的山间小路往上走，一路上都是东山碧螺村村民祖辈留下的板栗树。它们枝繁叶茂，在阳光的照射下，像撑着一柄柄通透翠绿的芭蕉扇，板栗原来是这样长出来的呀。

春末夏初，板栗树上挂满了纤长嫩黄的柔荑花序，

从高处看下来就像鹅黄色波浪。

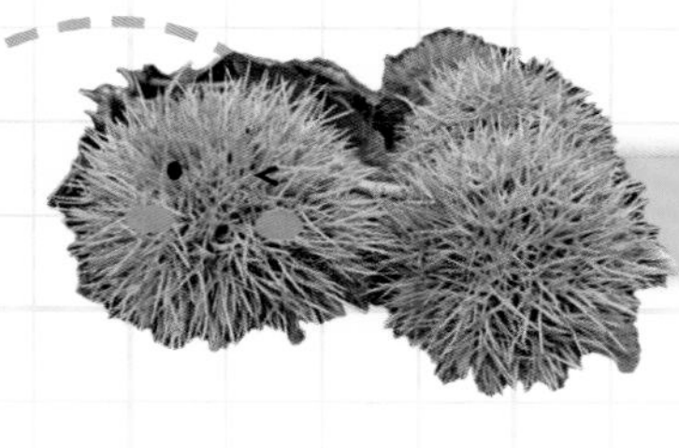

在板栗花序脱落的位置，

我们看到了一颗颗长着嫩绿软刺的“海胆”，

也就是幼嫩期的板栗果实。

九月，树上的板栗刺果三两成簇。

有的大如鸡蛋，有的大过拳头。

有的悄悄“咧开了嘴”，露出排列整齐的栗子。

等到板栗成熟，我们再次来到了东山。从九月到十月初，东山山区的村落几乎每家每户都在打栗子、剥栗子。半夜两点，阿爹阿婆就会载着满满一车栗子到镇上的露天早市，批发零售。

苏州板栗好吃，
但是产量少，
只能在本地买到哦。

人们把新鲜板栗买回去剥开，想烧鸡就烧鸡，想烧肉就烧肉。

苏州板栗保存小妙招

焖煮 → 剥壳 → 剥皮 → 速冻

真就是菜板栗吗，真不能糖炒？

实验开始啦！

良乡栗子代表队：选取燕山一带主栽品种。

苏州栗子代表队：选取东山九家种、茧头栗、槎湾栗。

我们对两个代表队的栗子分别进行编号，各有18组，每组5粒，依次检测它们在新鲜状态下、糖炒后、烧肉后的外形特征及理化数据，并进行分析汇总。

实验结果如下：

①苏州板栗大，淀粉含量更高；良乡板栗小，糖分含量更高。

②苏州板栗果大、皮厚，相对不容易炒熟且不易上色和入味。

③苏州板栗水分含量高，用它烧肉时随着水分的流失，淀粉含量占比会变得更大，更容易吸收汤汁入味，让它原本的风味得到升华，更香。所以有“东山蛋黄板栗”一说。

结论： 苏州板栗的确更适合入菜！良乡栗子的确更适合糖炒！

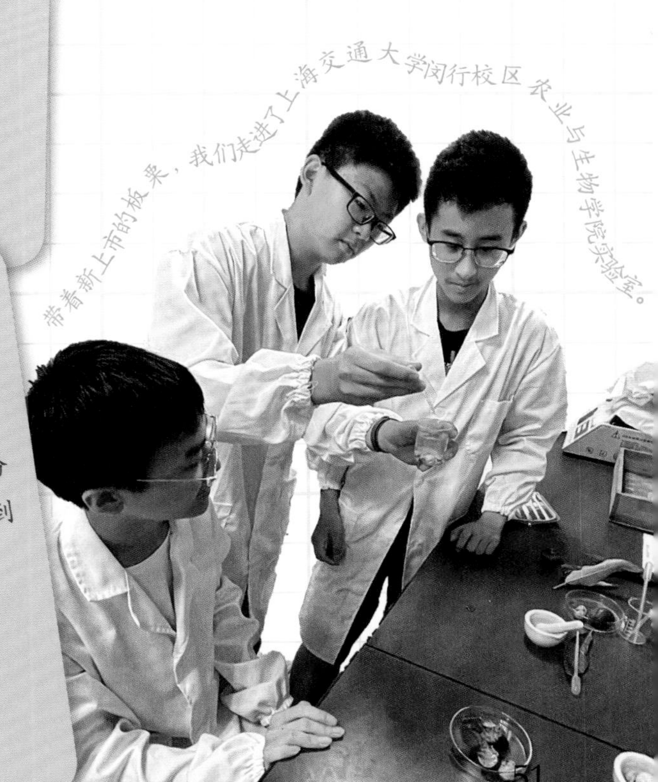

带着新上市的板栗，我们走进了上海交通大学闵行校区农业与生物学院实验室。

1个秘密

野栗子

苏州山间，野生分布着很多跟板栗同属壳斗科的高大乔木，如麻栎、栓皮栎、白栎等。栎树的果实被统称为橡子，也被叫作野栗子。它们可以食用，但是有苦味，所以大多成为鸟类和松鼠的粮食。不过，橡子豆腐和橡子凉粉很有风味哦。

学生的话

一方水土养一方板栗

橘生淮南则为橘，生于淮北则为枳。小学时学习《晏子使楚》，我们对这句话的理解还是浮于表面，调研完南北板栗的差异之后，我们深刻折服于晏子先生的智慧。真的，现在不要说栗子，就是南北不同的大米、东西差异的葡萄，我们都能针对它们的不同分析出一套植物生理学、气象学和土壤科学的原因！

而且，我们还学习了很多食物烹饪过程中的化学变化和挥发性香气成分的知识，真的太想"炫耀"一下新学到的术语啦。

板栗手绘：苏州工业园区景城学校沈极焘团队

老师的话

当好一颗菜板栗也很重要

南北板栗的差异研究是一个极具可比性的课题。有意思的是，在得知苏州板栗真是菜板栗之后，孩子们还是挺失落的。不过，因为是他们自己从口感、理化实验、气象、土壤、植物学等角度科学调研之后得出的结论，所以他们很快释然了——事物并没有绝对的好坏，关键是要让它在合适的位置发挥自己的特长！

手绘：苏州工业园区景城学校团队
张昕越、王俊颖、沈极焘、王镜博

我们吃得喷喷香的梧桐子，到底是谁家的籽？

说起地方物产，苏州人能列举出诸如阳澄湖大闸蟹、洞庭山碧螺春、树山杨梅、吴中鸡头米、凤凰水蜜桃、王庄西瓜等一堆国家地理标识农产品。

所以，以上便是苏州全部美味了？

不不不，远远不止！真的，我们苏州街边树上的一把种子都能馋人好几百年呢！

事情是这样的，老师给我们讲述苏州古代名人时，特地讲到一首诗“真珠缀玉船，梧子炒可供。莫嫌能堕发，老夫头已童。”原来，官至资政殿大学士的石湖居士范成大就特别喜欢吃梧桐子，喜欢到吃多了掉发也泰然处之。

本来，我们以为这就是诗人的个人爱好呢，回家问爷爷奶奶，没想到20世纪60年代出生的苏州人好多吃过梧桐子，甚至把它当作只有看电影时才舍得炒一把的童年美食！

于是，我们就被老师分成了两组：一组观察世界文化遗产苏州网师园后街的梧桐，一组观察西园路上苏州农业职业技术学院的梧桐。你猜怎么着：天呐，居然有两种梧桐……

调研团队：苏州市实验小学校团队

团队成员：杨子枞　徐亦沙　朱涵宇

指导老师：王芝芸

在古城里面找呀找呀找

法国梧桐（法桐）的树皮剥落，像穿着绿白相间的迷彩服呢！

芽

法桐的花芽和叶芽一起冒出来啦！毛茸茸的！

法桐的花居然是球形的！

花

这种聚拢成球形的花叫头状花序。当春风把雄花的花粉吹给雌花后，球形的雌花球就慢慢发育成了头状果序。

絮

法桐树上飞出了好多毛絮絮！它们是从哪儿来的？

绿色的雄花序

红色的雌花序

球形的雌花发育成头状果序

法桐

3月　4月　5月

VS

梧桐

雄花

3月　4月　6月

芽

梧桐像熊爪爪一样的芽头。

叶

梧桐树终于发芽啦！一个月内，从芽长成漂亮的绿叶。

花

6月中旬梧桐开花啦！梧桐的花呈淡黄绿色，好小哦！

梧桐的树皮呈青绿色，很光滑。

梧桐：锦葵科梧桐属，树枝若翠，叶裂如花，果形似船。

法桐中文正式名为二球悬铃木，由一球悬铃木和三球悬铃木杂交而来。19世纪末，在上海法租界从法国引入。人们觉得它叶子宽大像梧桐，又长在法租界，便叫它“法国梧桐”。

梧桐和法国梧桐的相似之处：都是高大的落叶乔木，都有3~5裂的宽大叶片。

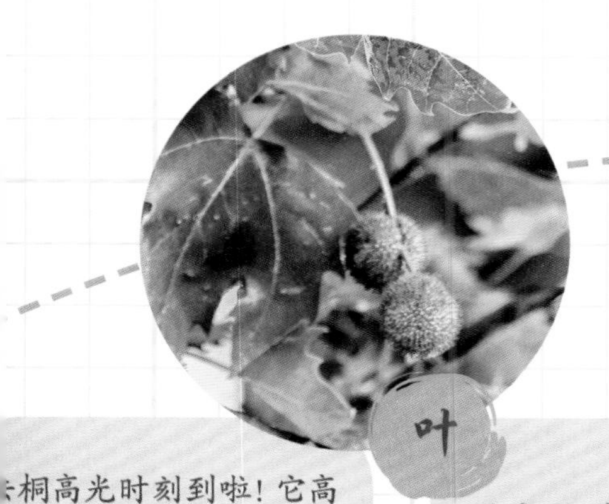

每颗小球炸开分出大约800个带绒毛的小坚果飞向远方。

叶

法桐高光时刻到啦！它高大的树干上浓荫滴翠，能给来往的公交车和行人遮阳。绿果掩映在树叶下悄悄长大。

国庆后的法桐点亮了城市的秋意。

聚花果

隆冬，叶子落尽，法桐的果实像一串串像铃铛一样挂在树上。

小坚果

熬过冬天，法桐的果球在春夏之交炸开，原来这就是法桐恼人的毛絮絮呀！

7月　10月　12月　（次年）5月

蓇葖果

7月　10月

果

在风的帮助下，梧桐花完成授粉并很快结出了蓇[gū]葖[tū]果。

梧桐的蓇葖果为5个小果聚在一起，它们在成熟的过程中慢慢分开，然后各自裂开，2~4粒种子缀在两边。

种子

降过几次温，秋风一吹，圆溜溜的种子就掉在地上了！梧桐子呈深咖啡色，圆溜溜、皱巴巴的，比花椒大，比豌豆小。

我们发现秘密啦！

我们吃的梧桐子是中国梧桐的种子哦！而法桐既不是梧桐，也不是来自法国的。

这里面就是能吃的梧桐子呀！

梧桐的蓇葖果没炸开时，真像一只小船呢！

苏州人吃梧桐子简史

梧桐和凤凰

因为《诗经》，梧桐跟凤凰联系在了一起。

凤凰鸣矣，于彼高岗。梧桐生矣，于彼朝阳。

先秦

梧桐园

2500年前吴王夫差就建了一座梧桐园。有说梧桐园在常熟，还有说是在甪（lù）直。

春秋

焦尾琴就是梧桐木做的！

《后汉书》记载，东汉著名文学家、音乐家蔡邕亡命江海的时候，从烧火做饭的吴地人那里抢救出一段良木制成琴，这就是焦尾琴。

汉代

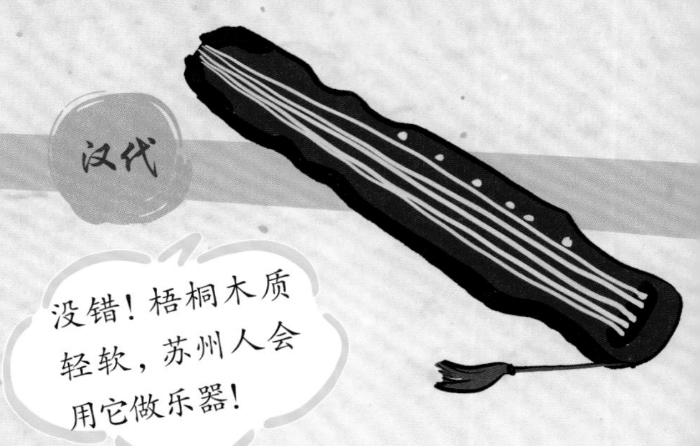

没错！梧桐木质轻软，苏州人会用它做乐器！

1892

苏州第一棵法桐

这棵树就在苏州市第五中学校内，学校的前身是美国基督教会传教士创办的萃英书院。

1952

法桐成为行道木

它们长在哪儿呢？就在人民路、五卅路、公园路、临顿路、观前街、十全街等街道。

1960

梧桐子的“高光”年代

梧桐子成为那个年代人们看电影的标配零食。

一粒喷香的梧桐子里，居然承载着苏州2500年的历史呢！

吾桐子啦！

梧桐的祥瑞寓意，民间也种植梧桐树。中国现存最完整农书《齐民要术》上桐子“炒食甚美”。

这些大诗人都写过梧桐呢！

孟浩然：微云淡河汉，疏雨滴梧桐。
李白：入门紫鸳鸯，金井双梧桐。

梧桐子真的好吃吗？

它的味道类似炒熟的豆类，但是更香。梧桐子的含油量较高，种仁含油量可达40%！

梧桐子也有一定的药用价值，可顺气和胃，健脾消食，亦可治小儿口疮等。梧桐子还是特殊的剂量单位，传统中药水蜜丸、乌梅丸等就是参照梧桐子大小制成的。万万没想到吧！

魏晋

宋代

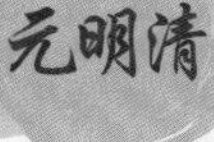

范成大：“真珠缀玉船，梧子炒可供。”

这些大画家都画过梧桐呢！

沈周、唐寅、仇英、文徵明……天呐！几乎所有吴门画派的大师都画过梧桐！

梧桐子的忠粉来啦！

进士出身、官至资政殿大学士的苏州人范成大最爱吃梧桐子，哪怕别人说吃多了掉头发也不管！

苏州古典园林里的梧桐

拙政园有梧竹幽居亭，怡园有碧梧栖凤馆，留园佳晴喜雨快雪之亭前现在还有一棵梧桐树。精致小巧的网师园外，也能看到水井和梧桐搭配的景观哦。

这里有个洗梧桐叶的故事

皮青如翠、叶缺如花、树形笔直的梧桐长在了江南人的审美点上。

元明时江南的文人雅士爱在庭院种植梧桐，还会配上竹子，画出来就是桐荫图、梧竹图。

元末明初，散尽家财游荡太湖的著名山水画家倪瓒洗桐的故事，成了江南文人洁身自好的象征。洗桐图成为江南画家重要的题材。

在市井民间，最常见的就是井边的梧桐，所以梧桐也叫井桐。

梧桐的刨花还能做成刨花水，给评弹演员抿头发。

那些叫某桐的树

除了梧桐，苏州还有很多名字里有“桐”的树，比如泡桐、毛泡桐、油桐。但是，梧桐属于锦葵科，泡桐、毛泡桐属于泡桐科，油桐则属于大戟科。除了梧桐子能炒了吃，其他几种树的果实只能药用或者榨油哦。猜猜上面两朵花属于什么“桐”？

学生的话

给梧桐树也留一条大街吧

在对法桐和梧桐的对比观察中，我们发现要想真正了解某种植物，不仅要观察它的茎（干）、皮、叶，还得记录它生命周期中的花和果，如此才能对它作出全面概括。这种认识事物的方法，对于我们做其他事情也很有启发呢。

了解了梧桐之后，我们还希望未来苏州能有一条以梧桐树作为行道木的街，让更多人了解梧桐这种中国传统树种，了解“桐荫图”“洗桐说”，让我们这座城市的历史触手可及！

老师的话

乡土树让乡愁发芽长大

跟现代城市随处可见的法桐相比，梧桐更多地存在于掌故和传说之中。一场植物学分类方法的实践应用，引发了青少年对乡土树种的关注。通过对法桐和梧桐的对比观察，孩子们不仅了解了两种高大乔木各自的特征，发现了爷爷辈的童年小零食，还意外整理出了苏州和梧桐的历史过往，让科学与文化邂逅在了乡愁中。

为什么喝茶在吴江就成了吃熏豆茶？

妈妈的外婆家在吴江最西边的小镇——七都。

七都家家做熏豆茶。每年秋分收了毛豆，老外婆就会挑出最好的毛豆，剥壳，漂洗掉豆衣，下锅用盐水煮，煮到半熟时把豆子倒出沥干，摊到网筛上，用桑钉木柴烧成的炭火慢慢熏，一边熏一边翻，直到毛豆发出“索索”的声音时，碧绿喷香的熏青豆就好啦。等妈妈、舅舅和阿姨他们过足馋瘾，外婆就把熏青豆用干净布袋收了放进石灰甏里。

熏完青豆，还要做橘皮丝，晒丁香萝卜，炒芝麻。等到万事俱备，往瓷碗里放入少许茶叶，一把熏豆、橘皮、胡萝卜丁，沸水冲下去，最后撒上一把炒得喷香的芝麻。

“吴江人要吃四碗茶，水潽蛋茶、风枵茶、熏豆茶和绿茶。我最爱吃熏豆茶，每次我都要把芝麻、豆子、橘子皮和茶叶全都吃到肚子里。”妈妈美滋滋地说。每到这个时候我就会煞风景地问：把茶叶也吃进肚子里吗？

调研团队：苏州工业园区景城学校 苏州市实验小学校团队

团队成员：叶蔚苒 李双宜 朱柯瑾 黄俊淞 姚王涵 朱力恒

指导老师：韩嘉华 王芝芸

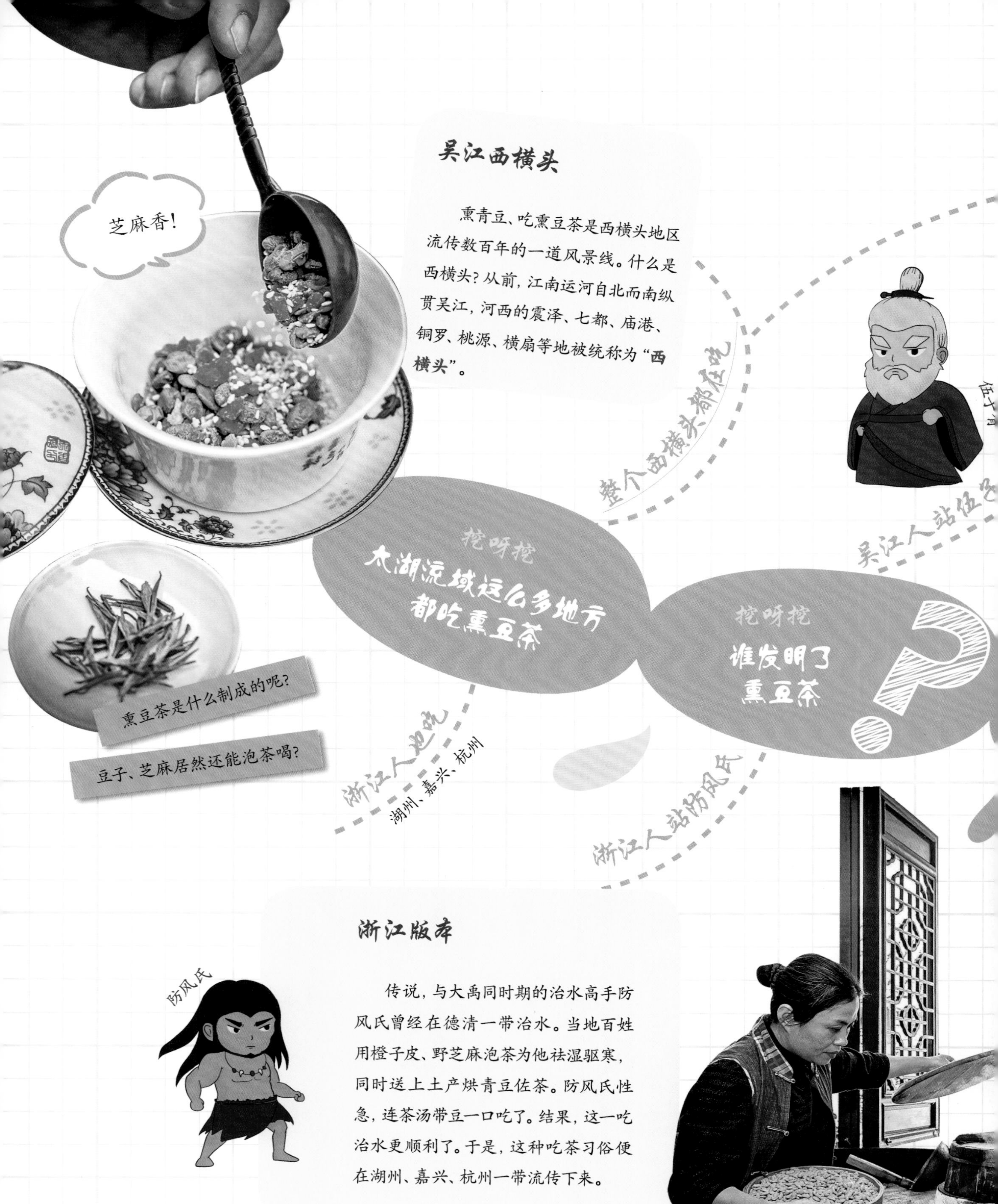

芝麻香！
熏豆茶是什么制成的呢？
豆子、芝麻居然还能泡茶喝？
挖呀挖
太湖流域这么多地方都吃熏豆茶
挖呀挖
谁发明了熏豆茶
整个西横头都在吃
吴江人站伍子胥
浙江人也吃
湖州、嘉兴、杭州
浙江人站防风氏
防风氏

吴江西横头

熏青豆、吃熏豆茶是西横头地区流传数百年的一道风景线。什么是西横头？从前，江南运河自北而南纵贯吴江，河西的震泽、七都、庙港、铜罗、桃源、横扇等地被统称为“**西横头**”。

浙江版本

传说，与大禹同时期的治水高手防风氏曾经在德清一带治水。当地百姓用橙子皮、野芝麻泡茶为他祛湿驱寒，同时送上土产烘青豆佐茶。防风氏性急，连茶汤带豆一口吃了。结果，这一吃治水更顺利了。于是，这种吃茶习俗便在湖州、嘉兴、杭州一带流传下来。

吴江的四杯茶

在震泽古镇我们重新认识了一下吴江人的“四碗茶”。**第一碗水潽蛋茶**，是用来招待首次登门的“毛脚女婿”的。**第二碗风枵茶**，相传曾招待过永乐皇帝，它相当于是用糯米糍干撒上白糖做的一碗甜汤。**第三碗熏豆茶，第四碗就是绿茶。**那么是谁发明了熏豆茶呢，我们挖呀挖……

吴江版本

传说，春秋时期伍子胥曾在现在的庙巷镇开弦弓村屯兵。伍子胥屯兵苦练，引弓发箭时太过用力甚至造成地面震动变形，开弦弓村由此得名。百姓对他很是敬佩，便自发采土产青毛豆烘干前往慰劳。伍子胥吃了口干，就用开水冲泡，又加了些茶叶，便成了熏豆茶流传至今。

唐代，曾经在虎丘长期居住的茶圣陆羽真就在《茶经》中记载了一种熏豆茶。这种熏豆茶里居然还加了葱、姜、枣、橘皮、茱萸、薄荷等等——不要怪唐朝人生猛，他们煎最普通的茶也是要放盐的。

伍子胥是被唐朝“打败”的
挖呀挖
伍子胥
还是防风氏？
继续挖呀挖
答案还没有找到
等我们继续……
防风氏是被芝麻“打败”的
锅烧热冒烟
开始熏豆子

文献查阅

苏州最早的饮茶记录在三国时期，那时候用的是椒树、茱萸叶子。山茶科山茶树的茶叶到唐朝才开始流行，而伍子胥比唐朝早了1000年呢！

文献查阅

芝麻原来是西汉时张骞从西域带回中国的，而防风氏是生活在尧舜禹的时代呢！这是不是说明橙皮芝麻烘豆茶不科学呢？

南宋时，岳飞带兵到洞庭湖一带打仗，岳家军因水土不服病倒，猜猜岳飞创制出了什么食疗药？一种由黄豆、芝麻、姜、盐、茶叶煮成的姜盐豆子茶！

1个秘密 丁香萝卜

每到深秋，吴江西横头一带便“晒风”盛行——晒丁香萝卜。将新鲜萝卜从地里刨出，洗净，切丁，在竹匾里码齐，让萝卜丁充分吸收每一缕秋阳，直到水分晒尽再收进玻璃罐中泡茶喝。丁香萝卜制作技艺可是吴江的非物质文化遗产呢！可是你知道丁香萝卜是什么萝卜吗？

学生的话

突然发现历史是一个谜

带着探寻熏豆茶起源的目的，我们来到了千年文化古镇震泽。

古镇上有寺庙、古塔、古桥，还有大运河的遗迹，显得静谧又细水长流。为什么这样的江南古镇会热衷吃熏豆茶呢？跟我们从资料上获取的信息不同，古镇居民的解释非常淳朴——因为秋季豆子大量上市，熏制青豆可以保鲜，顺便用作招待客人的零食。至于招待过皇帝的风枵茶，也只是一道平常的待客食物。没想到吧，历史居然可以有这么多不同的解释！

老师的话

存疑，是培养学生思维能力的必经途径

心理学家巴甫洛夫曾经说过：怀疑是发现的设想，是探究的动力，是创新的前提。为什么吃茶，到了吴江变成了吃熏豆茶？探讨美食背后的社会学规律，涉及自然、社科等方方面面的知识，显然不是小学生能完成的任务，但这并不妨碍我们鼓励孩子们带着存疑的精神去发散思维，而这种由存疑引发的主动获取、探究最有价值。

排排坐，剥豆豆！

午后闲暇时光，来杯熏豆茶！

都是糕，为什么定胜糕又松又软，猪油年糕却软软糯糯？

作为运动员，除了考试的早晨必吃一块定胜糕，从小到大我的早餐基本固定——蛋白质、碳水、蔬菜、水果，戒糖。我的阿爹却一年四季随心所欲。

正月里他要吃五色汤圆，二月要吃撑腰糕，三月吃大方糕，四月吃神仙糕，五月必须吃到松花团子，六月要吃绿豆糕，七月到处找豇豆糕，八月则是桂花水蜜糕，九月吃重阳糕，十月吃枣泥拉糕，十一月要吃金团，十二月得上全八宝饭和糖年糕……

在所有糕点里，阿爹尤其爱吃猪油年糕。夏天，他用油条夹咸猪油糕当早点，冬天就把玫瑰猪油糕切成片，裹上蛋液，炸得外焦里嫩，香气四溢。

吃来吃去都是米做的糕，有区别吗？

有一天，等我吃完牛肉和“草”，终于忍不住问餐桌对面又在吃糕的阿爹。他敲敲我的餐盘，很高深地说：苏州每块糕都不一样啊！

就像猪油年糕和定胜糕，你能吃出它们的区别吗？

调研团队：江苏省新苏师范学校附属小学团队

团队成员：张泽昊 张泽楷 赵雅雯 赵沁萌

指导老师：严雪凤

做糕的粉和做面包的粉不一样！

为了证明米粉做的糕很简单，我们完整地做了定胜糕和猪油年糕，结果光是选材就出乎我们的预料：原来糕点用的是米粉而不是面粉啊！

准确说，苏式糕团中，只有豇豆糕是用面粉制作的糕，其他都是米粉做的糕。

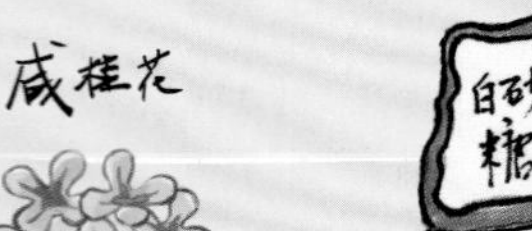

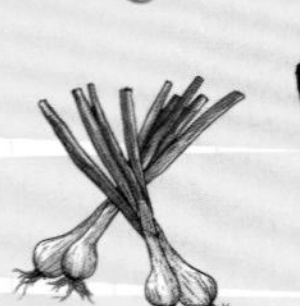

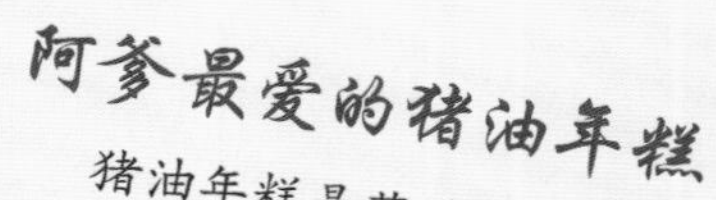

阿爹最爱的猪油年糕

猪油年糕是苏州传统糖年糕的延品种，家家户户春节必备。

猪油年糕有玫瑰、薄荷、桂花、枣泥数种，分别搭配香葱、玫瑰、咸桂花等不同辅料，是苏州所有糕点中糖、油用量最多的。而且，有些猪油年糕是要买回家加工了才能吃的哟。

苏州每一种糕都是不一样的！

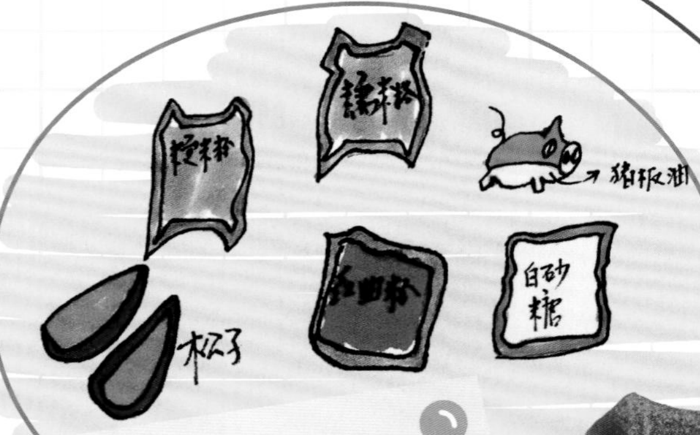

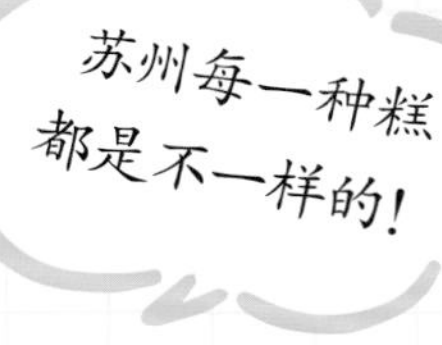

小学生爱吃的定胜糕

它是苏州人造屋、搬迁、婚假、祈寿的必备食品之一，取其吉祥定升之意。它也是我们小学生常吃的糕，吃了定胜糕考试必胜呀。

中国烹饪大师、中式面点高级技师汪…

定胜糕做起来！

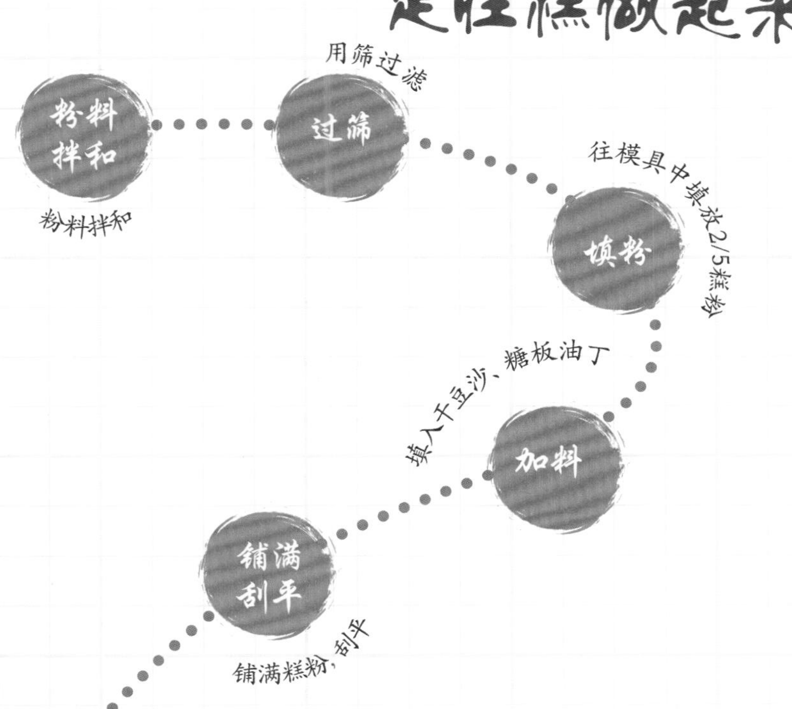
粉料拌和
粉料拌和
过筛
用筛过滤
填粉
往模具中填放2/5糕粉
加料
填入干豆沙、糖板油丁
铺满刮平
铺满糕粉，刮平
脱模
蒸
蒸8分钟
撒上松子仁

为什么每种糕吃起来都不一样呢？

因为做糕的原料不同，辅料不同。就说原料吧，苏州的糕主要用糯米粉，但是为了塑形好看还会加入不同比例的粳米粉，比如阿爹爱吃的猪油年糕用的是纯糯米粉，青团子原料中糯米粉和粳米粉比例是8:2，其他黏质糕中的比例是7:3，而定胜糕这种松松软软的糕中糯米和粳米的比例是6:4。

也就是说，糯米粉越多，糕越黏。粳米粉的比例较高，糕的口感越松软。因为，糯米含支链淀粉较多，粳米含直链淀粉多，而支链淀粉含量越高，糕吃起来就越黏。

也就是说，把这些因素排列组合起来，你就能创造新品糕啦！

为什么苏州人喜欢重油和重糖？

在老苏州人的心目中，与白嫩的糖年糕一比，猪油年糕更富贵。这大概是因为，高糖、高油，在人类历史的绝大多数时间里都是奢侈的代名词。人们喜爱吃，其实是因为以前也并不是所有人都能吃到吧。

了解了做糕的不同方法，现在我觉得适当减糖减油的话，苏州的糕其实也挺好吃的呢。

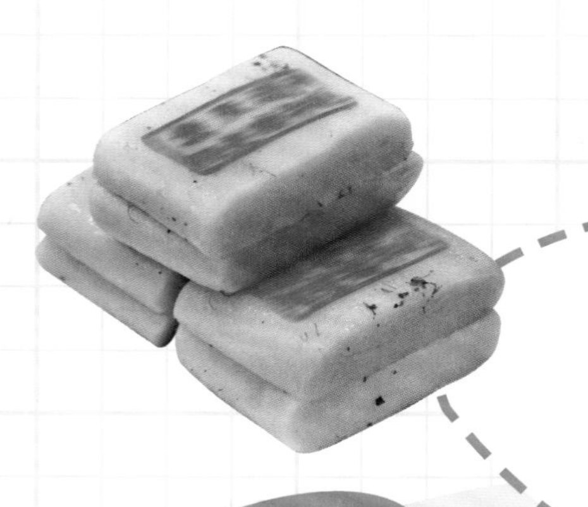

1个秘密

糖板油

猪板油不是肥肉哦，它特指猪肉里面、内脏外面的那片油脂。苏州人喜欢用糖腌制新鲜的猪板油，腌制成熟后用它做各种糕点，这就是苏式水晶豆沙包、猪油年糕的秘密啦。那么，你知道猪板油跟糖在一起会发生什么变化吗？

学生的话

关于糕的城市漫步

作为业余儿体校的游泳运动员，我们的一日三餐都被爸妈管得死死的，每天都得按比例摄入碳水化合物、蛋白质和脂肪！所以，苏式糕点其实是熟悉的“陌生人”呢，直到我们自己和粉、做糕，跟着老师在古城区漫步，从雪糕桥走到豆粉巷、水潭巷……真是有趣的发现之旅呀。

对了，我们还给糕点大师提了建议，比如糖再少点，加入新鲜水果，至于馅料也可以考虑牛排和鸡胸肉嘛！

老师的话

用食品化学打开美食新视角

作为自古闻名的鱼米之乡，苏州的四时八节里都蕴含着深厚的稻作文化。添子、祝寿、迁徙、婚庆、造屋，苏州人一生的关键时刻也都跟糕密切相关。但是，如何让21世纪的青少年爱上苏式糕点呢？从食品化学的角度进行探索是一种新办法！所以，不要担心我们给孩子引入的新名词，诸如“直链淀粉”“支链淀粉”会超纲，它们的意义不仅在于知识，更在于打开了新视角。

苏州人的“冬日限定”枇杷蜜、枇杷膏，真能止咳吗？

说到枇杷，每年初夏，大人们都要乐此不疲地做一道选择题——东山的白玉和西山的青种，到底哪个好吃？虽然，明明大家都知道这俩不就是枇杷界的卧龙与凤雏嘛。

好吧，谁让苏州特产枇杷呢。

公元10世纪中期，苏州就开始长枇杷。到了清朝，在翰林院给康熙皇帝当侍读学士的沈朝初忆江南时，还念念不忘地写道：“苏州好，沙上枇杷黄。笼罩青丝堆蜜蜡，皮含紫核结丁香。甘液胜琼浆。”

胜过琼浆的枇杷稀罕吧？我们还有更稀罕的枇杷周边美食！比如，苏州特有的土蜂在冬季低温下采集酿造而成的稀有蜜种“枇杷蜜”。再比如，每年冬天，我们枇杷产区的小孩从小吃到大的土味枇杷膏。

为什么说这些枇杷“周边”，比枇杷更稀罕呢？因为爷爷奶奶说：“偶感风寒，咽喉肿痛，咳嗽痰多，来一勺！”

调研团队：苏州市敬文实验小学校团队

团队成员：王亦凡 熊明哲 杜沅蓁 严梓瑜 陈爱蜜 陈瑜菲 陶衍希 吕岫霖

指导老师：徐雅

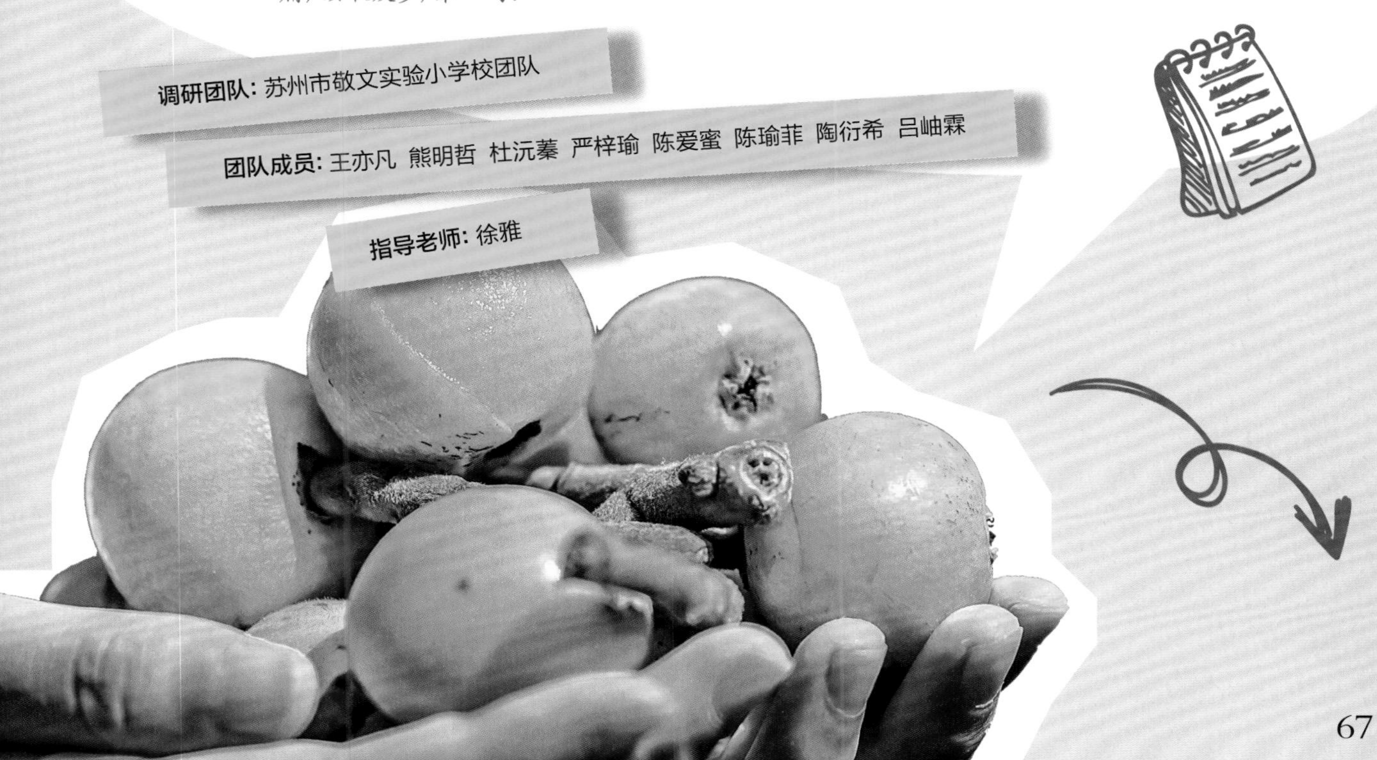

话不多说！先到太湖边煮

批杷膏里都有什么？

在苏州老字号中药饮片店里，枇杷秋梨膏用的是枇杷果。

医院开的川贝枇杷制剂，用的都是枇杷叶。

从东山、光福到西山岛，我们的土味枇杷膏用的是……

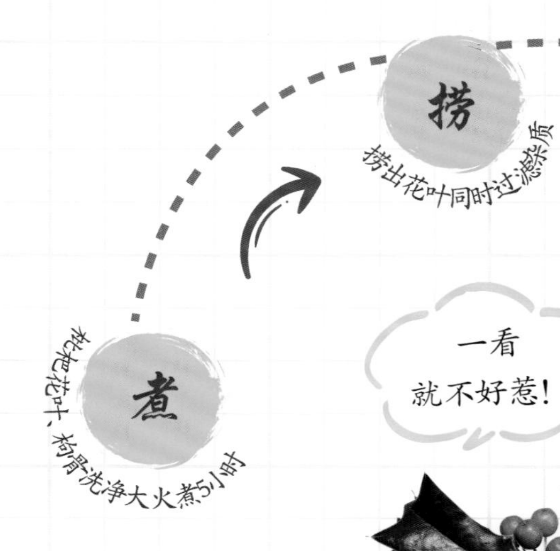

捞
捞出花叶同时过滤杂质
煮
枇杷花叶、枸骨洗净大火煮5小时
一看
就不好惹！

枇杷叶
枇杷花
西山岛的枇杷膏里会加薄荷、陈皮、罗汉果或者南天竹

用枇杷叶、枇杷花

枇杷花？没错！

你要说了：枇杷花长成枇杷，1斤能卖50元呐，用花做太任性了吧？

嘿嘿，真相是：一个枇杷花的花序上有几十到上百朵花。为了保证我们能吃到又大又甜的枇杷，果农必须大刀阔斧疏花，让营养集中供应。摘下来的花正好熬枇杷膏！

用枸骨

枸骨，也……
冬青科植物……
挂红果，常……
吧？枸骨……
么要加枸……
农家……
但是“……
的”。

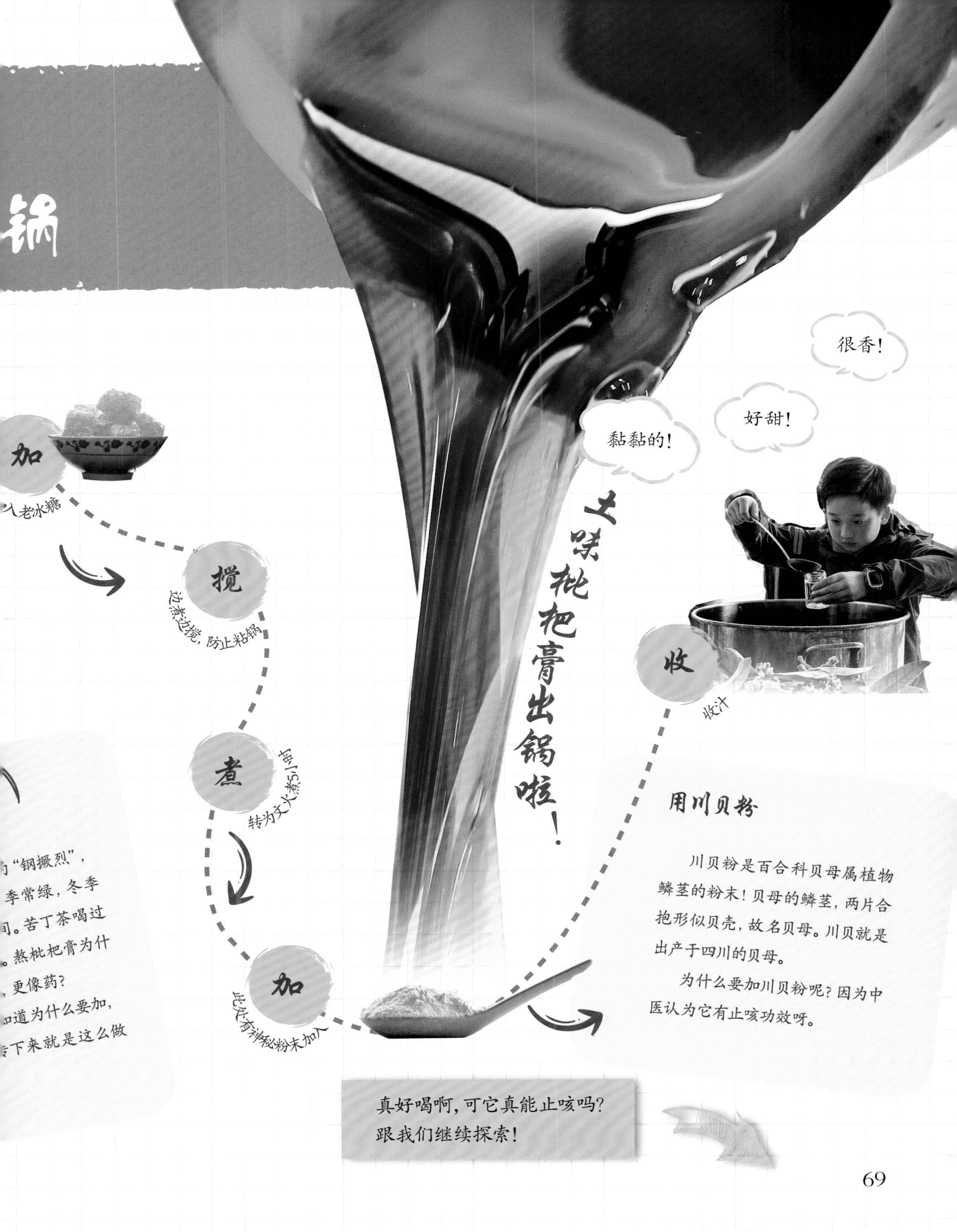

锅
很香！
好甜！
黏黏的！
土味枇杷膏出锅啦！
加
入老冰糖
搅
边煮边搅，防止粘锅
煮
转为文火煮5小时
加
此处有神秘粉末加入
收
收汁
的“钢撅烈”，
季常绿，冬季
词。苦丁茶喝过
。熬枇杷膏为什
，更像药？
印道为什么要加，
专下来就是这么做

用川贝粉

川贝粉是百合科贝母属植物鳞茎的粉末！贝母的鳞茎，两片合抱形似贝壳，故名贝母。川贝就是出产于四川的贝母。

为什么要加川贝粉呢？因为中医认为它有止咳功效呀。

真好喝啊，可它真能止咳吗？跟我们继续探索！

能止咳的枇杷蜜长什么样？

猜猜：苏州一个冬天能产多少枇杷蜜？

1200吨！

首先我们是枇杷蜜源基地

苏州是全国著名的四大枇杷蜜源基地哦！霜冻后的晴天是枇杷花的大流蜜期，也就是土蜂的最佳采蜜期啦。此时，行走在苏州的枇杷产区，宛如没入枇杷花的海洋。

哇哦！

我们有中国独有的土蜂

明代《吴县志》就有苏州人利用野蜜蜂"取蜜可食"的记载。新中国成立后，农村农业部专门在西山岛投建过蜜蜂原种场，那是全国三大蜜蜂原种场之一哦。现在，为我们酿制枇杷蜜的主要是中国独有土蜂"**华中中蜂**"。

不知道吧？其实我们也是第一次知道呢。东山"全国优秀养蜂者"金如兴爷爷说，我们本地的土蜂更适合采枇杷蜜。

华中中蜂
耐低温，是酿制枇杷蜜的小能手。

蜂农每隔20天取一次蜜，新鲜的枇杷蜜呈淡琥珀色，清甜芬芳。话说，看蜂蜜填满蜂巢的场景好治愈呀！

还有听着很高级的

蜜炙枇杷叶

枇杷叶晒干，刷掉毛，切丝后用蜂蜜炒制得到的就是蜜炙枇杷叶。跟枇杷膏、枇杷蜜相比，蜜炙枇杷叶直接就是一味中药材啦。除了中药制剂会用到它，苏州的阿爹、阿婆咳嗽的时候，也会去药店买了煮水喝。

对了，作为中药材，**枇杷叶又叫卢橘叶**——居然就是苏轼“罗浮山下四时春，卢橘杨梅次第新”的卢橘哦。

比枇杷还稀罕的枇杷膏、枇杷蜜、蜜炙枇杷叶真能止咳吗？

答案原来是它！

①枇杷是好吃且营养丰富的水果。

②枇杷花除了是蜜源，还是新食品原料。

③中药川贝枇杷制剂里用的都是枇杷叶。

④突然发现这些民间常用的治疗咳嗽的方法里也是包含了朴素的药食同源的道理的。

⑤枸骨、川贝它们都是用于治疗咳嗽的常见药材，但是中医也讲究对症下药，所以还是不能自己随意添加哦！

文献查阅

大量研究证实，枇杷叶中含有的三萜酸类化合物能止咳、平喘、化痰，且蜜炙后效果更佳，因为蜂蜜能增加唾液分泌，帮助化痰和润滑呼吸道。同时，研究表明：枇杷花、果中也含有该类物质。

治病还得去医院！

1个秘密

白沙枇杷

按照果肉的颜色，枇杷可以分为白沙枇杷和红沙枇杷。苏州的枇杷，无论是白玉、青种还是冠玉、金玉，都属于白沙枇杷。白沙枇杷皮薄，果肉细腻，酸甜适口。红沙枇杷如何呢？嘿嘿，超市里的大个头枇杷和罐头枇杷，大多就是它们啦。

学生的话

突然明白做药真的很难呢

咳嗽是我们小学生冬天常有的症状，听说可以亲自研究枇杷膏、枇杷蜜、蜜炙枇杷叶的止咳效果时，大家别提多激动啦。不过，采枇杷花、做枇杷膏、参观蜂场吃蜜很有趣，要找出它们跟咳嗽治疗效果的关系，那可真太难啦。我们花了3个月的时间，在老师、中药师、西医呼吸科专家的帮助下，一步步验证猜想，最后才得出自己的结论！

我们对民间偏方做一次调研都如此复杂，难怪人们总说做创新药很难呢。

老师的话

提出问题比解决问题更重要

咳嗽是呼吸系统疾病常见症状，导致咳嗽的原因有很多，所以无论是中医、西医都得对症下药。那么，从小吃到大的民间偏方就什么咳都能止住吗？当孩子们提出这个问题的时候，调研已经成功了一半。因为，就像爱因斯坦说的，解决问题也许只是一个数学或实验上的技能，从新角度去看旧问题，却需要创造性的想象力！

哇哦！看起来很好吃的样子哦！
枇杷花有股淡淡的清香味！
这里有发现！

真家伙！冬酿酒的甜爽居然是因为酒里有“气”！

苏州人有句老话叫：冬至大如年。

为什么苏州人如此重视冬至这个节气？这一说就得说到“泰伯奔吴”的典故。据传，为了让贤，作为周太王之子的太伯和弟弟仲雍出奔吴地，一并带来了周朝的历法和礼仪，其中就包括了殷周历法把冬至前一天定为岁终的习俗，并一直留存了下来。

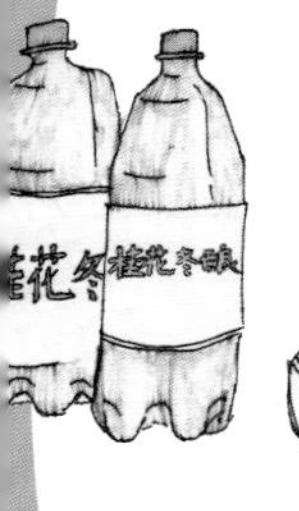

跟除夕夜一样隆重的冬至夜苏州人会怎么过呢？我们要去乡下祭拜祖先，全家人聚在一起吃丰盛的团圆饭，吃带有各种彩头和寓意的蛋饺、肉圆、粉条、黄豆芽、鱼、馄饨，还有就是家家必喝冬酿酒！

很多苏州人都喜欢喝冬酿酒，因为它度数低，清甜爽口，还有像雪碧一样让人愉悦的“气体”！

你要说了，米酒又不是碳酸饮料，怎么会有气体的呢？嘿嘿，其实我们也只是猜测而已，不过为了得到答案，我们真就自己动手做了一个。

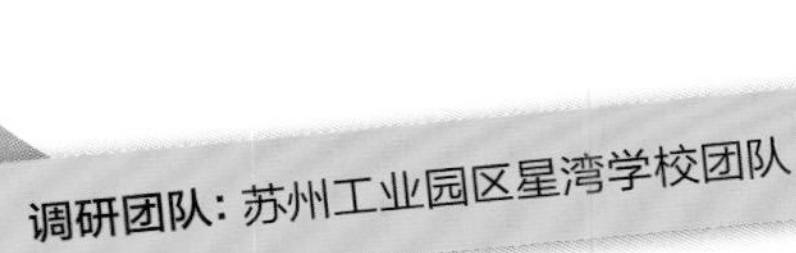

调研团队：苏州工业园区星湾学校团队

团队成员：李兰青　陈语悦　蒋乐轩　唐恒凯　徐捷希　薛钰星

指导老师：吴双艳

我们做了个冬酿酒的家常版"米酒"

苏州传统冬酿酒，其实就是一种米酒，每年十月初开始做。但其实，只要温度控制适宜，全年都可以做。

饭冷却后拌入温水化开的酒曲

蒸糯米饭

浸糯米

放入干净的容器发酵

家酿米酒通
止沉淀的方
过滤酒和米

用保鲜膜与纱布封口

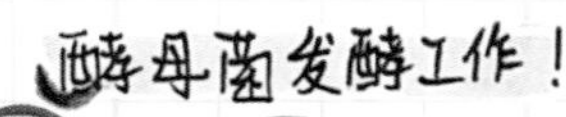

35℃环境发酵

气体产生

瓶口保鲜膜向外凸起，说明在发酵过程中有气体
我们猜测这种气体是二氧化碳，于是实验开始

气体测试实验

这个气体到底是什么呢？

上实验器材：针管、BTB溶液

BTB溶液是一种酸碱试剂，溶解二氧化碳时溶液就会变黄。

在针管中装入BTB溶液，抽取发酵瓶中气体跟它混合。这时候我们发现，溶液果真由蓝色变成了黄色——这个气体是二氧化碳没错啦！

关于米酒的实验

那米酒也算是碳酸饮料吗?

上实验器材:石蕊试纸

利用石蕊试纸检验溶液酸碱性是一种“老方法”。我们先用试纸测试常温米酒,发现试纸变红,说明米酒呈酸性,可能是有二氧化碳气体溶入米酒中!这么看来,冬酿酒可能也算是碳酸饮料呢。

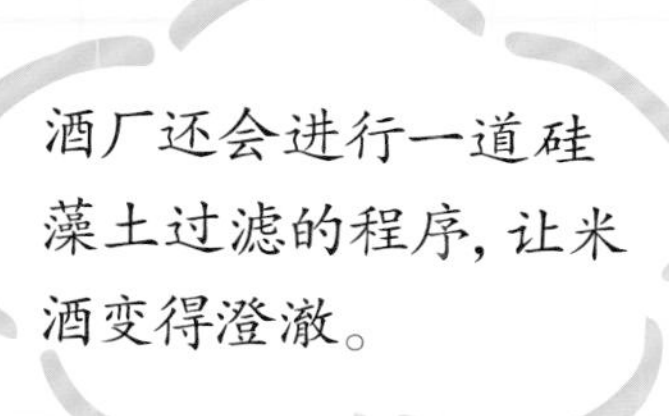

酒厂还会进行一道硅藻土过滤的程序,让米酒变得澄澈。

米酒好啦

自制的米酒基本就是陆游喝到的“莫笑农家腊酒浑”的“浑酒”。

而酒厂通常60天后,才进行酒糟分离。

酒糟分离

时后发完成

一个意外小发现

家酿米酒是白色的,冬酿酒为什么琥珀色的?

会“上房揭瓦”的酵母菌……

酒厂过滤后米酒会变得澄澈,但是,苏州人习惯喝的冬酿酒通常也就止步于此啦。这意味着,这些没有经过高温灭菌的酒体里还含有酵母菌等微生物,这会让酒的口感丰富多元,但是时间一长,酵母菌等微生物就会“上房揭瓦”,其他杂菌也会繁殖。

所以苏州的冬酿酒里面通常还会添加一样中药——栀子黄。它不仅有助于灭菌,还会让冬酿酒呈现出好看的琥珀色。

1个秘密

冬至大如年

冬至太阳直射南回归线，北半球迎来全年中白天最短暂、黑夜最漫长的一天。于是，殷周历法以冬至前一天为岁终，举行祭祀。泰伯奔吴时，一并带来了周朝的历法和礼仪，这就是苏州人“冬至大如年”的秘密啦。

学生的话

你和冬至只差了一个苏州

要论全国最认真过冬至的城市，那必须是苏州呀。

为了强调冬至的仪式感，人们不仅创造了各种有寓意的冬至美食，还精心酿制了冬酿酒！苏州清代风俗志《清嘉录》记载：“乡田人家以草药酿酒，谓之‘冬酿酒’。”可见，冬酿酒曾经是苏州人的家酿。现在，大家没时间像我们做实验那样自酿米酒了，改为零拷（拿空壶买散装酒），凌晨排队零拷！在苏州阿爹心目中，凌晨排队零拷冬酿酒才是对冬至最大的尊重！

老师的话

发现并利用规律才叫科学

冬酿酒属于米酒。在元代蒸馏技术被引入中国之后，米酒的版图逐渐缩小，直至成为区域特产。冬酿酒里有什么秘密呢？秘密就是，酒曲中的糖化菌会将糯米分解成糖和氨基酸，酵母菌再对糖进行发酵生成乙醇和二氧化碳。我们说，不知道规律却依然能做出好酒的古代人很聪明，但是发现并且利用规律的人才是科学家哦。

后记

被科学调研激发的欢乐告白

《美食里的秘密——苏州青少年写给同龄人的书》诞生于"苏州美食里的N个秘密"课题研究活动。相对于更常见的青少年科技比赛而言，关于美食秘密的调研更像一次开放的STEAM课程。为什么孩子们能够有动力把那些看似天马行空的选题进行到底？

因为美食带来的动力，因为他们被给予的独立思考和探索的机会带来的动力！

所以，如果把本次研究看作是一次美食调研的话，那么，我们首先收获了一份最受苏州青少年喜爱的传统美食榜单。

苏州娃最爱传统美食榜单：青团子，13%的人对青团子充满好奇；野菜，5%的人想梳理一份苏州人的吃草体系；4%的人，热衷松鼠鳜鱼、乌米饭、荷叶、枇杷蜜、冬酿酒等。

其次，本着积攒群众智慧的理念，美食秘密课题调研活动宽进严出，不仅欢迎小学生、初中生、高中生、中专生等学校队伍，也欢迎兴致勃勃的家庭、教育机构等社会队伍。于是，冲着吃，冲着趣味，冲着创意，我们接收到了各路"自白"：

决心很大系列

我们的活动咨询员小A

接到学校咨询电话，有老师对我说："为了做好课题，我们学校准备开辟一个小农场，专门种做青团子用的草、做乌米饭用的树，让孩子们的研究从种植开始！"

我们的资料整理员小B

整理着整理着，我突然也想流口水了！老师们配了一堆美食图，并备注："我们三个在视频聊天讨论课题的时候，聊着聊着便对着美食图片流口水了，请问我们想每个课题都做一下可以吗？"

我们的资料整理员小C

好想"假公济私"，当他们的体验组成员！因为好多准备研究枇杷蜜、慈姑片、糖粥的小学生都在申报中表示，"每天做了给班上同学吃，要把市面上能买到的大米、芋艿、猪肉都买了做一遍！"

用心系列

先说来自苏州市盲聋学校的报名。这个团队师生8人，申报说明简明扼要、逻辑清晰，看得出老师们很用心。看到老师的阐述我们也非常感动，虽然最后因为特殊的原因盲聋学校团队没有能完成调研，但是我们依然希望能在科普的平台上，给予特殊教育的孩子和老师们更多展示的机会，让科普成为沟通特殊教育学校和普通学校青少年之间的桥梁。

除了盲聋学校，苏州工业园区曾经的水八仙产地社区教育中心也非常积极。毛遂自荐的社工说："这些年为了社区家庭的亲子和谐，我们做了很多类似的题目，拍了很多视频，邀请了很多家庭参与其中，强烈建议以后专门开一个通道让我们市民学校组队做科学小研究！"

让专家开眼界系列

虽然本书最终只选取了15个主题，但是在美食秘密的活动中我们推荐了48个课题，兼顾了苏州的季节和区域特色。比如，吴中区的杨梅、碧螺春，昆山正仪的青团子，张家港的水蜜桃，太仓的糟油，吴江的熏豆茶，等等。

出乎意料的是，我们收到的调研报告里，甚至有专家也不知道的知识！比如，吴中区代表队让我们知道了，原来苏州春天里的酱汁肉在吴中区的长桥街道叫向阳肉。又比如，常熟的蕈油面，很多苏州本地人也就是吃过或者听说过，只有生长在虞山脚下的娃，才会在字里行间跳出"蕈窝""抓蕈人""活捉蕈"这些带着风物气息的生动字眼！

苏州青少年写给同龄人的书诞生记

经过数百年的传承，苏州美食形成了鲜明地方特点，比如“不时不食”的观点、“食药同源”的习惯，以及地方特色食材入饮食的偏好等。与此同时，苏州美食文化里也形成了一些对现代人而言不能理解的旧传统、旧习惯、旧观点。如何在新旧之间更好地传承？科学的方式、方法是带领青少年了解传统美食和苏州传统文化，将其发扬光大的新路径。

《美食里的秘密——苏州青少年写给同龄人的书》中，15篇主题作品每篇都由认真的调研报告、鲜活的团队手记、趣味盎然的儿童手绘、带有秘籍气质的食谱，以及专家团队针对每一场调研所用的方式、方法的科学点评组成。图书涉及苏州人的饮食文化、民俗历史、社会审美心理，以及植物学、动物学、食品化学、吴门医派、地质地理、气象气候、生态环境等多领域知识，编辑工作量巨大。幸而，从学生们的调研报告到一本好看、有用、有趣的科普读本，历时2年的图书编撰过程中，我们得到了来自苏州社会各层面，尤其是苏州市科协及下属各学会的帮助，至今有趣的瞬间依然历历在目：

18岁就开始跟着师傅养蜂，最远把蜜蜂放到俄罗斯边境的真蜜联盟盟主金如兴，是这位光头大叔让我们知道了中国独有土蜂“华中中蜂”和苏州人明代取食野蜂蜜的历史，完善了同学们有关枇杷蜜的内容；苏州大学教授、螃蟹专家宋学宏老师，不仅帮助大闸蟹小分队精准把握大闸蟹各生命周期形态，还一遍遍耐心科普知识，小到大闸蟹幼体的名称考证，大到专家们对于阳澄湖底泥养分与阳澄湖大闸蟹味道的关联分析；三花栽培技艺非遗传承人黄剑，不厌其烦地配合我们拍摄不同时节的三花；国家杨梅种质资源圃郄红丽老师带我们尝遍了基地杨梅，就为拍一张有飙汁感的照片；至于我们的科学顾问夏红、王金虎、汪成等诸位老师，更是从各自专业出发对孩子们的调研进行了严谨、细致的科学审核、资料补充……

从这个层面来说，本书既是苏州青少年写给同龄人的书，也是苏州各行各业的专家为青少年科普教育群策群力的图书！在此衷心感谢大家！

写一写
画一画

《苏州市果树品种志》

《吴郡岁华纪丽》

《苏州通史》

参考文献

《苏州地理》

《怎样观察一棵树》

《苏州农业志》

《苏州古树名木志》

《清嘉录》

《中国水生动物——大闸蟹》

《吴门饮馔志》

《苏式糕点制作技法》

参考论文

鲍杨萍, 汝吉东. 艾草天然色素的提取工艺研究

周福芩. 叶绿素的提取和分离实验

童群义. 红曲霉产生的生理活性物质研究进展

杨慧萍, 黄杰, 刘金才, 等. 食品用亚硝酸盐红曲色素染色警示方法

廖劲松, 齐军茹. 脂质对肉类风味的作用

肖怀秋, 李玉珍, 林亲录. 美拉德反应及其在食品风味中的应用研究

丛云霞, 丁世杰, 杨扬. 香椿亚硝酸盐的研

张剑辉, 张梦琪, 蔡世佳. 6个产地香椿主要活性成分及风味特征差异分

杜德鱼, 张贝贝, 雷免花, 等. 烫漂处理对香椿亚硝酸盐含量及色泽的影响

韩熠. 应用GC－MS和GC－O鉴定不同等级洞庭碧螺春茶特征香气成分

韩孝坤, 郭雯飞, 吕毅. 原产地域保护绿茶洞庭碧螺春的香气成分

刘琪, 蒋立文. 南烛叶的成分及利用价值研究进展

房玉玲, 秦明珠. 乌饭树的研究进展

顾俊荣, 张丽, 刘腾飞, 等. 不同茶果间作下洞庭碧螺春茶叶中矿质元素与茶多酚等有效成分的分析

挥发油化学成分、抑菌活性及其对枇杷的

张一帆. "北京板栗" 探寻

荀晓霖, 邸晓光, 张靖, 等. 老年人吃肥肉变不利因素为有利因素的烹饪条件

唐霖, 张莉静, 王明谦. 杨梅中活性成分杨梅素的研究进展

明珂, 谢宝玉, 韦国栋. 杨梅果蝇生物学特性与防治研究进展

赵慧宇, 刘银兰, 孙妍婕, 等. 杨梅中4种农药残留的膳食风险评估及家

方秋萍. 茉莉在中国的传播及其影响研究

陈尚钘, 赵玲华, 徐小军. 天然苏樟醇资源及其开发利用

姜天喜. 论中国茶文化的形成与发

任冰如, 陈智坤, 陈剑, 等. 苏州西山岛产枇杷叶的药材品质分析

张云仙, 张慧琳. 珠兰花茶产业沿革与制作技

房玉玲，秦明珠．乌饭树的研究进展

慧，杨方，高沛，等．不同养殖水域中华绒螯蟹滋味差异分析

区域板栗品质差异性分析及气候适应性评价

张一帆．“北京板栗”探寻

，贾海龙．梧桐的药用价值研究进展

千年前茶：茶釜及相关考古发现论饮茶起源于中国吴越地区

黎娜，李倩，谢爽爽，等．我国板栗种质资源分布及营养成分比较

廖劲松，齐军茹．脂质对肉类风味的作用

婧．历史时期苏州地区花卉业研究

梁建兰，刘浩，刘秀凤，等．不同加工方式对板栗香气的影响

，魏茜．梧桐子挥发油的气相色谱-质谱分析

周春华．枇杷花果主要生物活性组分与抗氧化活性研究

兰花茶产业沿革与制作技艺

俞香顺．中国文学中的梧桐意象

王伟，黄峰，等．吴中区中蜂养殖及枇杷花蜜概况

佳瑜，薛岩伟，王菲，等．“白玉”枇杷花不同花期挥发性物质分析

亿，李书渊，陈艳芬，等．枇杷叶不同提

姜天喜．论中国茶文化的形成与发展

的止咳化痰平喘作用比较研究

楠，胡佳卉，李依岚，等．茉莉花茶吸香机理及窨制工艺研究现状

璐，尹礼国，陈安霞，等．GC-MS结合电子鼻技术对不同茶区茉

佳奇，汪雨欣，等．川贝母化学成分及生物活性研究进展

花茶香气的差异比较

王心宇，刘明春，杨迎伍，等．GC-MS法分析白兰花挥发油成分

陈清婵，缪文华，等．不同来源猪脂挥发性成分比较研究

参考论文

鸣，肖婷婷，姜晓黎，等．代代花精油成分的研究

张云仙，张慧琳．珠兰花茶产业沿革与制作技艺

考论文

李国文，吴弢，谢燕，等．中药枸骨叶研究进展

燕．苏州阳澄湖大闸蟹历史文化研究

郭宏慧，杨方，高沛，等．不同养殖水域中华绒螯蟹滋味差异分析

去除效果

黎娜，李倩，谢爽爽，等．我国板栗种质资源分布及营养成分比较

，孙贵尧，安然，等．不同品种和粒度对米粉糊化特性及米蛋糕品质的影响

李林珍，刘璐，魏茜．梧桐子挥发油的气相色谱-质谱分析

娇．太湖之滨的熏豆茶

袁国亿，何宇琳，王春晓，等．米酒风味品质形成相关因素的研究进展

高楠，苏钰亭，赵思明，等．4种甜米酒主要营养成分与滋味特征对比及分析

张高楠，苏钰亭，赵思明，等．4种甜米酒主要营养成分与滋味特征对比及分析

写一写
画一画

写一写
画一画

写一写
画一画